万水 ANSYS 技术丛书

ANSYS SpaceClaim 直接建模指南与 CAE 前处理应用解析

王伟达　黄志新　李苗倩　编著

中国水利水电出版社
www.waterpub.com.cn

·北京·

内 容 提 要

ANSYS SpaceClaim 软件是"仿真引领研发"层级中不可或缺的几何前处理工具，能够通过直接建模技术提高创建、处理、更新、重建几何效率，提高 CAE 模型真实性，加快仿真分析循环迭代次数，是推动仿真体系应用成熟度升级的关键步骤之一。

本书是国内第一本关于 SpaceClaim 软件的专业学习用书，是作者基于软件帮助文件，结合自身项目经验，梳理编辑出的一套简洁明了、方便易学的软件入门工具书，图文并茂地讲解了 SpaceClaim 软件的各类操作及应用案例。相信该书对工程师快速上手软件、提高前处理应用水平大有裨益。

本书工程实例丰富、讲解详尽，内容安排循序渐进、深入浅出，适合理工院校土木工程、机械工程、力学、电子工程等相关专业的高年级本科生、研究生及教师使用，同时也可以作为相关工程技术人员从事工程研究的参考书。

图书在版编目（ＣＩＰ）数据

ANSYS SpaceClaim直接建模指南与CAE前处理应用解析 / 王伟达，黄志新，李苗倩编著. -- 北京 : 中国水利水电出版社，2017.2（2023.8重印）
（万水ANSYS技术丛书）
ISBN 978-7-5170-4996-8

Ⅰ. ①A… Ⅱ. ①王… ②黄… ③李… Ⅲ. ①计算机仿真－系统建模－应用软件 Ⅳ. ①TP391.92

中国版本图书馆CIP数据核字(2017)第002941号

责任编辑：杨元泓 张玉玲　　加工编辑：张天娇　　封面设计：李 佳

书 名	万水 ANSYS 技术丛书 ANSYS SpaceClaim 直接建模指南与 CAE 前处理应用解析 ANSYS SPACECLAIM ZHIJIE JIANMO ZHINAN YU CAE QIANCHULI YINGYONG JIEXI
作 者	王伟达 黄志新 李苗倩 编著
出版发行	中国水利水电出版社 （北京市海淀区玉渊潭南路 1 号 D 座　100038） 网址：www.waterpub.com.cn E-mail: mchannel@263.net（答疑） 　　　　sales@mwr.gov.cn 电话：（010）68545888（营销中心）、82562819（组稿）
经 售	北京科水图书销售有限公司 电话：（010）68545874、63202643 全国各地新华书店和相关出版物销售网点
排 版	北京万水电子信息有限公司
印 刷	三河市德贤弘印务有限公司
规 格	184mm×260mm　16 开本　16.5 印张　396 千字
版 次	2017 年 2 月第 1 版　2023 年 8 月第 5 次印刷
印 数	7501—9500 册
定 价	41.00 元

凡购买我社图书，如有缺页、倒页、脱页的，本社营销中心负责调换

序　一

我国正处于从中国制造到中国创造的转型期，经济环境充满挑战。由于 80% 的成本在产品研发阶段确定，如何在产品研发阶段提高产品附加值就成为了制造企业关注的焦点。

在当今世界，不借助数字建模来优化和测试产品，新产品的设计将无从着手。因此越来越多的企业认识到工程仿真的重要性，并在不断加强应用水平。工程仿真已在航空、汽车、能源、电子、医疗保健、建筑和消费品等行业得到广泛应用。大量研究及工程案例证实，使用工程仿真技术已经成为不可阻挡的趋势。

工程仿真是一件复杂的工作，工程师不但要有工程实践经验，还要掌握多种不同的工业软件。与发达国家相比，我国仿真应用成熟度还有较大差距。仿真人才缺乏是制约行业发展的重要原因，这也意味着有技能、有经验的仿真工程师在未来将具有广阔的职业前景。

ANSYS 作为世界领先的工程仿真软件供应商，为全球各行业提供能完全集成多物理场仿真软件工具的通用平台。对有意从事仿真行业的读者来说，选择业内领先、应用广泛、前景广阔、覆盖面广的 ANSYS 产品作为仿真工具，无疑将成为您职业发展的重要助力。

为满足读者的仿真学习需求，ANSYS 与中国水利水电出版社合作，联合国内多个领域仿真行业实战专家，出版了本系列丛书，包括 ANSYS 核心产品系列、ANSYS 工程行业应用系列和 ANSYS 高级仿真技术系列，读者可以根据自己的需求选择阅读。

作为工程仿真软件行业的领导者，我们坚信，培养用户走向成功，是仿真驱动产品设计、设计创新驱动行业进步的关键。

ANSYS 大中华区总经理

2015 年 4 月

序　二

道无术不行，术无道不久。

中国"制造立国、创新强国"的道路已然明确，全社会"万众创业、大众创新"的风气已逐渐形成。科技领域也不断报出惊喜成果，高能激光、高超音速飞机、量子通讯、粒子物理、高性能计算、水稻种植等科技领先国际，令国人振奋。

然而，还应警醒地意识到，与西方发达国家相比，我们在很多领域还存在很大差距。特别是在工业自动化、智能化控制方面，我国的自主研发还处在起步阶段。

我们的科研人员不缺才智、不缺精神，缺的是先进的研发手段以及在此基础上形成的精确、高效的研发流程。

工欲善其事，必先利其器。

当今，研发早已不再是天马行空、即兴发挥的任性试错，而是在科学方法和精确工具的强大支撑下逐渐成为精细、自动的工业化过程。

ANSYS SpaceClaim 软件是"仿真引领研发"层级中不可或缺的几何前处理工具，能够通过直接建模技术提高创建、处理、更新、重建几何效率，提高 CAE 模型真实性，加快仿真分析循环迭代次数，是推动仿真体系应用成熟度升级的关键步骤之一。

道在日新，艺亦须日新，新者生机也。

借助于全新的直接建模软件——ANSYS SpaceClaim，工程师在 CAE 分析工程中既可以无视几何来源，高效地建模、修模，又能够保持参数化建模过程的隐藏约束条件，灵活定义参数优化变量，还可以通过 ANSYS Workbench 与结构、流体、电磁等模块实现数据准确的双向互动，从而让 CAE 前处理更真实地应用于仿真实验，使仿真实验的数值解更接近物理试验的实测值。

本书是国内第一本关于 SpaceClaim 软件的专业学习用书，是作者基于软件帮助文件，结合自身项目经验，梳理编辑出的一套简洁明了、方便易学的软件入门工具书，图文并茂地讲解了 SpaceClaim 软件的各类操作及应用案例。相信该书对工程师快速上手软件、提高前处理应用水平大有裨益。

本书作者就职于安世亚太科技股份有限公司，从事 CAE 相关工作 7 年，熟悉多款主流 CAE 软件，参与过国家重大专项、国家自然科学基金、北京市科委等多个结构仿真项目，积累了多种工业产品关于 CAE 前处理、隐/显式算法、材料非线性分析、优化设计等方面的经验。

安世亚太科技股份有限公司总裁

2016 年 10 月

前　言

随着仿真科学的发展和计算机技术的升级,CAE 效率提升的瓶颈已不再是计算机硬件水平和 CAE 求解器效率,而是 CAE 前处理效率。当今仿真项目的大型化和精密化,对 CAE 前处理的要求更为苛刻,尤其是对几何前处理的完备性、细节恰当等效及优化迭代等环节。加之几何模型的复杂性和数据来源的多样化,几何前处理的工作量更大。因此,提高几何前处理效率面临诸多挑战:如何无缝读取不同 CAD 格式以准确转换几何数据;如何快速处理点云数据以重建实体模型;如何基于设计图纸高效创建三维几何模型;如何对已有的几何模型灵活设置参数以实现优化分析;如何在实体-梁-壳之间快速切换;如何便捷简化或细化几何模型以用于 CAE 分析;如何保持几何模型与 CAE 模型的关联性以方便设计变更与模型复核等。

基于直接建模技术的 SpaceClaim 软件均能解决以上难题。SpaceClaim 软件作为一种直观的 CAD 交互方式,具备其独到的优势,包括无视几何来源、中性几何模型的参数化、不必担心模型修改后重建失败、无需考虑错综复杂如迷宫般的历史特征关系等。自 2014 年 ANSYS 公司收购 SpaceClaim 软件后,经过多年的优势整合,SpaceClaim 为几何前处理乃至 CAE 前处理提供了全新且高效的解决方式,如几何特征的批处理、仿真结果的重建和修改、几何模型与 CAE 模型关联的参数、子模型边界互动等功能,从而大幅提升 CAE 效率。

本书作为市面上仅有的 SpaceClaim 软件书籍,基于 ANSYS SpaceClaim 17.0 中文界面,以介绍直接建模功能和分享 CAE 前处理全新解决方式为背景,共分为 5 章:第 1 章介绍 ANSYS 产品体系和 ANSYS Workbench 平台;第 2 章详细介绍 SpaceClaim 软件的交互界面、个性化选项及提高效率的快捷方式;第 3 章阐述在从无到有的建模过程中涉及工具的功能及相关操作步骤,包括设计、详细、测量等选项卡的内容;第 4 章分为两方面内容,一方面是在从有到改的修复模型过程中,梳理对边、面、体等常见几何模型的检查及处理方法;另一方面分类讲解在 CAE 前处理过程中的常见情况,如实体模型快速抽梁、抽壳并实现共节点,对流体和电磁分析创建并自动更新内外场,快速创建梁-实体、梁-壳、壳-实体及实体-实体子模型,与 ANSYS Workbench 关联参数、几何、坐标等互动等;第 5 章以实例的形式介绍通用 CAE 前处理的操作步骤,实例一逐步介绍如何通过二维图纸快速创建三维模型;实例二用多种方法对比讨论简化几何模型的便捷方式,如批量删除圆角、圆孔等特征;实例三以实体球罐为例,说明如何抽壳和抽梁,并将实体-壳-梁三类几何同时导入 ANSYS Workbench;实例四以流体热分析为例,说明如何快速创建灯泡的内外流场,并实现流场的自动更新;实例五以三角面片的重建为例,说明从碎到整的逆向重建几何的常规方法;实例六以普通零件为例，说明如何对三维几何实现尺寸注释；实例七以创建花瓶为例，说明曲面造型的方便实现和互动。实例源文件可以添加微信公众号获取下载链接。

希望本书能够帮助读者更系统地掌握 SpaceClaim 直接建模技术，扩展 CAE 前处理的思路。欢迎读者通过微信公众号或邮箱关注 SpaceClaim 的最新应用。

微信公众号：SpaceClaim

新浪微博：http://weibo.com/spaceclaim

电子邮箱：spaceclaim@sina.com

微信公众号二维码

王伟达

2017 年 2 月

目　　录

1

ANSYS 软件概述

1.1 ANSYS 软件简介

ANSYS 软件是融结构、热、流体、电磁和声学于一体的大型通用 CAE 分析软件,广泛应用于石油化工、土木工程、能源、核工业、铁道、航空航天、机械制造、汽车交通、国防军工、电子、造船、生物医学、轻工、地矿、水利、日用家电等工业及科学研究中。

ANSYS 公司成立于 1970 年,总部位于美国宾夕法尼亚州的匹兹堡,是世界 CAE(Computer Aided Engineering)行业著名的公司之一。四十多年来,ANSYS 公司一直致力于仿真软件的开发及仿真咨询服务,为全球工业界所广泛接受,并拥有了全球最大的用户群体。许多国际化大公司均采用 ANSYS 软件作为其设计分析标准和主要的分析、技术交流平台。ANSYS 公司在世界范围内有很高的声誉和业界广泛认可的服务支持能力。

在四十多年的发展过程中,ANSYS 不断改进提高,功能不断增强,目前最新的版本已发展到 18.0 版本。ANSYS 软件所提供的 CAE 仿真分析类型非常全面,而且这些分析类型具有耦合特性(相关性)。在整个 CAE 行业,ANSYS 系列软件的优势是全方位的,主要体现在以下几个方面:

(1)宽广的分析范畴。

ANSYS 系列软件全面涵盖了通用结构力学、高度非线性结构动力学、计算流体动力学、计算电磁学、多物理场耦合分析、协同仿真平台、行业专用软件体系等领域,具备完整的 CAE 产品体系。

(2)强大的耦合场分析功能。

在耦合场分析方面,ANSYS 系列软件能提供一个既满足各领域要求又能相互进行耦合分析的 CAE 软件系统,而不仅局限于某一学科领域的分析。ANSYS 软件充分体现了 CAE 领域的发展趋势,即融结构、热、流体、电磁于一体的多物理场耦合仿真的功能。ANSYS 的软件产品不仅涵盖了 CAE 通用的结构、传热、流体、电磁等通用领域,也有针对行业特点的专业化产品软件。其独一无二的耦合场分析技术:CFX、Fluent 和 ANSYS 的结构模块,能方便地实现流固耦合计算。

（3）方便易用的协同仿真平台。

全新的 ANSYS Workbench 协同仿真平台，为用户提供了参数化分析、CAD/CAE 双向参数驱动、自动定义接触和装配、高效优化设计等独一无二的最新 CAE 技术。目前已经在国内外企业中得到了广泛应用，并成为新一代 CAE 软件平台的标准。

最新版本的 ANSYS 软件充分体现了 CAE 领域的发展趋势：首先，通过开发或并购最先进的技术，将其集成到一体化可定制仿真平台中，使工程师能够高效地执行复杂的多物理场仿真工作；其次，提供系统服务，用以管理仿真进程和数据。这样，工程师和产品开发人员就能集中精力进行产品设计、完善产品质量，而不必为软件使用和数据搜索花费过多时间。其融结构、热、流体、电磁、声学于一体的多物理场耦合仿真的功能集中代表了用于"虚拟样机"的 CAE 技术；与 CAD 软件无缝的几何模型传递接口是 CAD/CAE 整体化的发展方向；在网络中各种计算机软硬件平台上的自动浮动使用方便了用户。

ANSYS 软件从 1971 年开始的 2.0 版本发展到今天的 18.0 版本，从用户交互图形界面到计算模块、应用数值方法和计算优化都有了巨大的改进。经过多年的发展，ANSYS 逐渐成为国际国内分析设计技术交流的平台。ANSYS 独具特色的多物理场结合的分析技术和涵盖优化设计等技术在内的一体化处理技术充分体现了 CAE 领域的最新发展成就。在国际上，它是第一个通过 ISO9001 质量认证的分析设计软件，是美国机械工程师协会（ASME）、美国核安全局（NQA）及其他近 20 种专业技术协会认证的标准分析软件。在国内，ANSYS 第一个通过了中国压力容器标准化技术委员会认证，并在国务院 17 个部委推广使用，目前在国内有着广大的用户群。

在机械结构、流体力学、电磁场的 CAE 应用领域里，ANSYS 软件的产品都是本领域出色的产品之一。

结构力学 CAE 分析方面：ANSYS Mechanical、ANSYS LS-DYNA 等。

流体动力学 CFD 分析方面：ANSYS Fluent、ANSYS CFX 等。

电磁场 CAE 分析方面：ANSYS Maxwell、ANSYS HFSS 等。

（1）ANSYS Mechanical 高级结构力学分析及热分析。

作为 ANSYS 的核心产品之一，ANSYS Mechanical 是顶级的通用结构力学仿真分析系统，在全球拥有广大的用户群体，是世界范围应用最为广泛的结构 CAE 软件。ANSYS Mechanical 提供了结构分析的完整工具，具有一般静力学、动力学和非线性分析能力以及复合材料、断裂、疲劳、优化等分析功能。除了提供常规结构分析功能外，强劲稳健的非线性、独具特色的梁单元、高效可靠的并行求解、充满现代气息的前后处理是其主要特色。ANSYS Mechanical 除了提供全面的结构、热、压电、声学以及耦合场等分析功能，还创造性地实现了与 ANSYS 新一代计算流体动力学分析程序 Fluent 和 CFX 的双向流固耦合计算。它全面集成于 ANSYS 新一代协同仿真环境 ANSYS Workbench，易学易用。

（2）ANSYS LS-DYNA 通用高度非线性显式动力学分析。

ANSYS LS-DYNA 是一个显式通用非线性动力分析有限元程序，可以求解各种二维、三维非线性结构的高速碰撞、爆炸和金属成型等非线性问题。软件功能齐全，可求解涉及几何非线性（大位移、大转动和大应变）、材料非线性（200 多种材料动态模型）和接触非线性（50 多种）的瞬态动力学问题。它以 Lagrange 算法为主，兼有 ALE 和 Euler 算法；以显式求解为主，兼有隐式求解功能；以结构分析为主，兼有热分析、流体—结构耦合功能；以非线性动力分析为主，兼有静力分析功能（如动力分析前的预应力计算和薄板冲压成型后的回弹计算）。ANSYS LS-DYNA for Workbench 基于 ANSYS Workbench 下新的使用环境，包括前处理模块、求解模块、后处理模块。

（3）ANSYS Fluent 计算流体力学软件。

ANSYS Fluent 采用计算流体动力学（CFD）的数值模拟技术，为全球范围内各个行业的工程师提供流体问题的解决方案。它丰富的物理模型使其应用广泛：从飞机气动到锅炉燃烧，从鼓泡塔到玻璃制造，从血液流动到半导体生产，从洁净室到污水处理工厂的设计等。另外，软件强大的模拟能力还扩展了其在旋转机械、气动噪声、内燃机和多相流系统等领域的应用。ANSYS Fluent 完全集成在 ANSYS Workbench 环境中，并允许用户适当调整集成功能，轻而易举地快速应对一些特殊的挑战。

（4）ANSYS CFX 专业的流体力学分析。

ANSYS CFX 作为采用全隐式耦合算法的大型 CFD 软件，算法上的先进性、丰富的物理模型和前后处理的完善性使其在结果精确性、计算稳定性、计算速度和灵活性上都有优异的表现。除了一般工业流动以外，ANSYS CFX 还可以模拟诸如燃烧、多相流、化学反应等复杂流场。ANSYS CFX 集成到 ANSYS Workbench 环境中使用，增加了其在工程仿真上的应用面，效率达到了新的高度。

（5）ANSYS Maxwell 低频电磁场仿真。

ANSYS Maxwell 是工业界领先的电磁仿真软件，能满足机电产品工程师的仿真设计需求，提升高品质产品设计能力。它包含二维和三维的瞬态磁场、交流电磁场、静磁场、静电场、直流传导场和瞬态电场求解器，能准确计算力、转矩、电容、电感、电阻和阻抗等参数，并且能自动生成非线性等效电路和状态空间模型，用于进一步的控制电路和系统仿真，实现上述组件在考虑了驱动电路、负载和系统参数后的综合性能分析。

（6）ANSYS HFSS 高频电磁场仿真。

ANSYS HFSS 作为三维结构全波电磁场仿真的标准和核签工具，是现代电子设备中设计高频/高速电子组件的首选工具。HFSS 能够在用户最少干预的情况下，对直接关系到电子器件性能的电磁场状态进行快速精确的仿真。针对一个组件或子系统、系统以及终端产品在电磁场中的性能及其相互影响，ANSYS HFSS 可以分析整个电磁场问题，包括反射损耗、衰减、辐射和耦合等。另外，ANSYS HFSS 也是行业标准的电磁仿真工具，特别针对射频、微波以及信号完整性设计领域，是分析任何基于电磁场、电流或电压工作的物理结构的绝佳工具。

1.2　ANSYS Workbench 平台及模块

ANSYS Workbench 整合了所有主流仿真技术及数据，在保持多学科技术核心多样化的同时建立了统一的仿真环境。在 ANSYS Workbench 环境中，用户始终面对同一个界面，无需在各种软件工具程序界面之间频繁切换。所有仿真工具只是这个环境的后台技术，各类仿真数据在此平台上交换与共享。

如下图所示，ANSYS Workbench 能显示并管理项目工作流程。在 ANSYS Workbench 中，可以采用分析系统的方式建立一个分析项目。一个分析项目中可以包含多个分析系统，并以分析流程图的形式连接各个分析系统。用户可以使用 ANSYS Workbench 中的固有分析系统，也可以使用第三方集成的分析系统，以扩展 ANSYS Workbench 自身的分析功能。

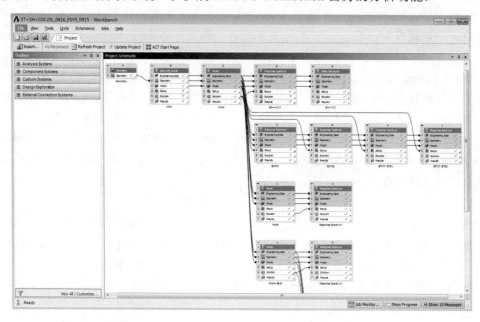

1.2.1　Workbench 平台界面

　　ANSYS Workbench 界面主要由菜单栏、工具箱、项目管理页等组成，如下图所示。由于分析类型、使用界面或者工作状态的不同，用户看到的窗口显示、表格、图表等也不同。例如，在项目管理页面中建立分析项目或者一个分析类型，只需从工具箱中拖曳或者双击相应的图标即可完成，用户也可以通过右键使用关联菜单来完成一个追加项目的操作。用户各种操作的结果都可以反映在项目管理页面中，并显示已建立的分析类型之间的连接关系和数据联系。

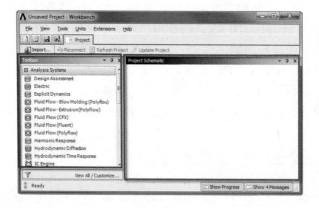

1.2.2　菜单栏

1.2.2.1　文件菜单

File 菜单中的主要选项如下：

New：建立一个新的工程项目。在建立新工程项目之前，Workbench 软件会提示用户是否需要保存当前的工程项目。

Open：打开一个已经存在的工程项目，同样会提示用户是否需要保存当前的工程项目。

Save：保存一个工程项目，同时为新建立的工程项目命名。

Save As：将已经存在的工程项目另存为一个新的项目名称，系统将提示用户指定名称和文件位置。

Import：导入以前版本的文件并将其转换为当前版本的文件。用户还可以使用此选项导入多个以前版本的文件并组合成一个项目管理文件。

Archive：将工程文件存档，单击 Archive 命令后，先在如下左图所示的 Save Archive 对话框中单击"保存"按钮，然后在如下右图所示的 Archive Options 对话框中勾选所有选项并单击 Archive 按钮将工程文件存档。存档文件可以保存为 Workbench 项目存档文件（.wbpz）或 Zip 文件（.zip）。

Restore Archive：恢复先前生成的存档文件。用户选择要还原的项目存档后，系统将提示用户指定还原文件名称和所在位置。在存档文件中提取后，项目将在 ANSYS Workbench 中打开。用户还可以通过使用解压程序手动解压存档文件，然后打开.wbpz 文件。

Scripting：使用此选项可以记录用户的操作流程、执行日志或脚本，或者打开 Python 命令窗口。

1.2.2.2　视图菜单

View 菜单可以控制窗口布局，主要选项如下：

Refresh（快捷键 F5）：更新视图。

Compact Mode（快捷键 Ctrl+U）：ANSYS Workbench 提供紧凑模式，以帮助管理窗口。当处理一个复杂项目时，涉及多个应用程序，在 ANSYS Workbench 界面中管理不同的应用程序窗口会很困难。紧凑模式只允许用户查看显示项目的状态，而隐藏 ANSYS Workbench 其他的组件，包括工具箱、菜单栏、工具栏，并将 Workbench 界面压缩为一个小图标置于操作系统桌面上。

Reset Workspace：将当前工作区布局恢复为默认设置形式。

Reset Window Layout：恢复原始窗口布局。

Toolbox：单击 Toolbox 命令来选择是否隐藏左侧的工具箱面板。

Toolbox Customization：单击 Toolbox Customization 命令来选择是否显示 Toolbox Customization 模块。该功能允许用户自定义最左侧的工具箱，可以选择最常用的分析系统，也可以增添其他的分析系统。

Project Schematic：单击此命令来确定是否显示项目管理窗口，建议此项一直打开。

Files：选择此视图可以查看与项目关联的所有文件列表。用户将能够看到文件的名称和类型、单元文件 ID 与文件的大小、文件的位置和其他关联信息。缺少的文件或从项目中删除的文件将显示为红色，并标有删除图标。

Outline：选择此选项可显示系统的提纲窗口。提纲窗口的数据一般用于参数管理、设计优化和材料数据管理。用户也可以通过双击参数设置栏或设计优化系统查看提纲窗口。

Properties：用户可以查看系统、单元和链接的属性。要查看属性时，鼠标右键单击，从级联菜单中选择"属性"选项。

Messages：此选项启动信息视图，用户可以查看如错误和警告信息、求解信息、状态信息等相关信息内容。

Progress：此选项可以查看更新过程中的进度栏。用户还可以通过单击 ANSYS Workbench 窗口右下角的显示进度按钮查看更新进展。要中断更新过程，可单击进度栏上的中断按钮。并不是所有进程都可以被中断，而且中断请求和实际中断结束之间往往有延迟，需要等待一段时间。

Show System Coordinates：显示每个分析系统的字母标题，默认情况下此选项激活。

1.2.2.3　工具菜单

Tools 菜单中的主要选项如下：

Refresh Project：刷新项目中需要刷新的所有单元格。当上游数据中的内容发生变化时，需要刷新单元格（更新也会刷新单元格）。

Update Project：更新处于需要更新状态的项目中的所有单元格。

License Preferences：此选项可以打开"许可证选项"对话框，实现许可证参数选择，如设定许可证的优先顺序。

Launch Remote Solve Manager：启动远程求解管理器（RSM）界面，可实现远程提交求解任务、监视求解进展情况、管理队列、删除任务等功能。

Options：可以修改 ANSYS Workbench 工作面板的默认设置，常用设置如下：

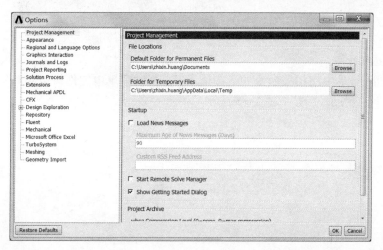

Project Management（项目管理）选项卡：可以设置 Workbench 平台启动的默认文件存储目录和临时文件的存储位置等。

Appearance（外观）选项卡：可以对工作界面的背景、文字颜色、几何图形的线条颜色等进行设置。

Regional and Language Options（区域和语言选项）选项卡：可以设置 Workbench 平台的

语言，其中包括德语、英语、法语和日语 4 种。

Graphics Interaction（几何图形交互）选项卡：可以设置鼠标对图形的操作，如平移、旋转、放大、缩小、多体选择等操作。

Geometry Import（几何导入）选项卡：可以设置几何编辑器的类型、分析类型及其他一些基本几何设置选项。

这里仅对 Workbench 平台一些常用的选项进行简单介绍，其他选项请参考软件帮助文档的相关内容。

1.2.2.4　单位菜单

Units 菜单中的相关选项如下左图所示，此菜单可以设置国际单位、米制单位、美制单位和用户自定义单位。选择 Unit Systems（单位设置系统）弹出的界面如下右图所示，在 Unit Systems 对话框中可以选择指定的单位格式。

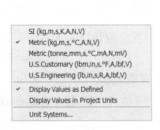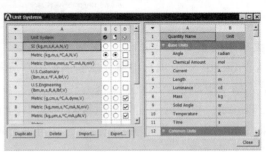

1.2.2.5　扩展包菜单

Extensions（扩展包）菜单中的相关命令如下图所示。

1.2.2.6　帮助菜单

Help（帮助）菜单中的相关命令如下图所示，在帮助菜单中软件可以实时地为用户提供软件操作及理论上的帮助。

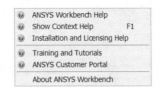

1.2.3　工具箱

ANSYS Workbench 工具箱显示可以添加到项目管理页面的分析类型。当用户打开 ANSYS Workbench 时，工具箱包含了所有能够建立分析项目的分析模板（包括标准模板和用户自定义模板），当需要建立一个项目时，拖曳模板到项目管理页面中，软件根据选择模板的情况自动建立共享或者传递数据的连接关系。

工具箱按照如下类型进行分组：

- 分析系统：用户可以使用这个典型的模板来建立项目流程，拖曳这些模板在项目管理页面中建立一个分析体系或者连接已有的分析体系，也可以使用必要的组件（例如选择几何模型组件）来达到分析目的。

- 组件系统：这些组件系统模板通常用来建立完整项目流程中的一个子部分。例如，使用几何组件创建或者修复用户的几何。该组件可以连接几个下游分析组件，连接的下游组件将共享这个几何模型。

- 用户自定义系统：该组件包含一系列预先定义好的耦合分析模板。这些耦合分析模板包含多个分析流程，并定义好了数据传递关系。用户也可以建立自己定义好的分析模板，然后保存起来。

- 优化设计：进行优化设计研究。当添加该项目到项目管理页面后，每一个分析体系都将被参数数据栏连接起来。

用户在工具箱中看到的分析模板都是已经安装的产品。如果用户没有进行相关产品安装，在工具栏中将看不到相关产品的分析模板。用户单击工具箱底部的 View All/Customize 按钮可以查看所有的分析模板清单。

1.2.4　项目管理页面

项目管理页面显示用户的项目结构状态和工作流程，其提供了一个看得见的图标和连接图。项目流程可以是一个非常复杂的组合，也可以是一个简单的分析体系，视期望的分析程度来确定。对于一个复杂的连接体系，可以应用耦合模板或者自定义等方式建立。

如下图所示的流固耦合分析流程，分析体系中的连接线考虑了数据之间的传递关系：有方形末端的连接线表示这两个分析流程使用了共同的几何模型；有圆形末端的连接线表示流体计算的结果数据作为静强度计算的载荷数据施加到结构上。

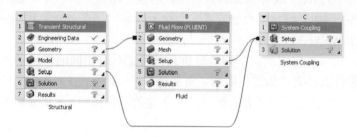

为了启动一个分析流程，可以从工具箱中拖曳一个模板或者一个分析对象到项目管理页面，或者在项目管理页面的空白处使用右键弹出菜单中的分析流程。当用户建立了分析流程后，所有连接好的数据流程和数据内容会自动根据上下游数据提示来更改状态信息。

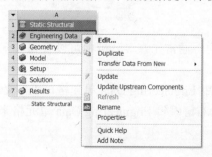

1.2.4.1 系统和单元格

用户从工具箱添加到项目管理页面中的分析体系可以被看成为一个系统，组成系统的条目称为单元格。为了详细定义一个仿真，用户需要注意系统与单元格要配合使用。使用右键可以打开上下相关联的菜单，这些菜单叫做弹出菜单。默认双击一个单元格或者使用右键的方式，用户可以执行下面的操作：

- 启动一个数据集成应用系统或者工作空间。
- 在一个系统前后端增加一个连接。
- 指定键入或者参考文件。
- 指定用户分析组件属性。

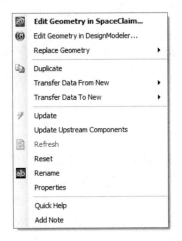

每一个单元格具有一个指定的应用或者工作空间，因此可以说单元格是和被集成的应用相关的，例如 ANSYS Fluent 或者 Mechanical 等。这些应用将启动一个单独的窗口进行后续的操作。有些单元格，例如工程材料数据或者参数化管理属于一个分析流程中的一个环节，具体页面内容则包含在 Workbench 的窗口中。

有些情况下，由单元格组成的不同的分析系统可能具有相同的作用。单元格状态显示的是每个单元格处于什么状态（如需要刷新、更新等）。下面这个静力分析的例子就说明了单元格处于不同状态。可以使用左键或者右键按住右下角的蓝色按钮，在单元格上显示一个快捷的帮助按钮。

在 ANSYS Workbench 中，通常在许多分析中可以看到以下单元格类型：

（1）Engineering Data。

在结构力学分析中，使用 Engineering Data 单元格可以定义或者读取一个材料模型。双击 Engineering Data 单元格或者右键编辑 Engineering Data 单元格来定义工程材料数据。

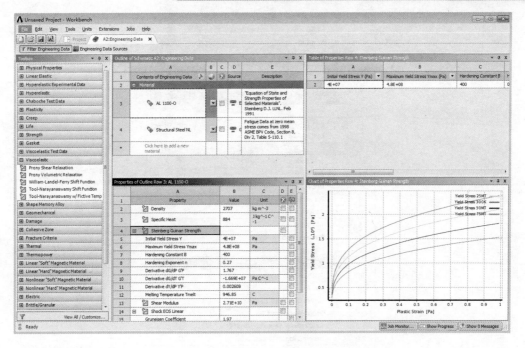

（2）Geometry。

使用 Geometry 单元格来建立、读入、编辑或者更新几何模型。当用户安装了 SCDM 并且具有 SCDM 的许可证时，用户可以进行 SCDM 的相关操作。

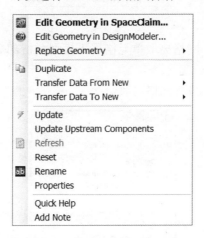

新建几何：可以使用 DesignModeler 或者 SCDM 界面建立一个新的几何模型。

读入几何：单击 Browse 按钮允许用户打开一个对话框选择一个存在的几何模型读入或者读入最近使用的几何模型文件。

编辑：在用户选择 New Geometry 或 Import Geometry 之后，可以使用 Edit 按钮来启动 DM 或者 SCDM 以编辑几何模型。

替换几何：单击 Browse 按钮打开一个文件夹，允许选择一个存在的或者选择最近使用过的几何模型来代替当前的几何模型。

CAD 更新：使用在 CAD 中定义好的参数值来更新现有的 CAD 几何模型。

属性：显示属性面板后，用户可以设置基本或者高级的几何属性。

	A	B
	Property	Value
1	Property	Value
2	⊟ General	
3	Component ID	Geometry 18
4	Directory Name	Geom-1
5	⊟ Notes	
6	Notes	
7	⊟ Used Licenses	
8	Last Update Used Licenses	
9	⊟ Basic Geometry Options	
10	Solid Bodies	☑
11	Surface Bodies	☑
12	Line Bodies	☐
13	Parameters	☑
14	Parameter Key	ANS;DS
15	Attributes	☐
16	Named Selections	☐
17	Material Properties	☐
18	⊟ Advanced Geometry Options	
19	Analysis Type	3D
20	Use Associativity	☑
21	Import Coordinate Systems	☐
22	Import Work Points	☐
23	Reader Mode Saves Updated File	☐
24	Import Using Instances	☑
25	Smart CAD Update	☑
26	Compare Parts On Update	No
27	Enclosure and Symmetry Processing	☑
28	Decompose Disjoint Geometry	☑
29	Mixed Import Resolution	None

（3）Model。

在结构力学分析系统中，网格离散单元格属于模型分析部分，影响着几何的定义、坐标系、连接关系和网格离散。

编辑：启动 Model 模块，进行网格离散。

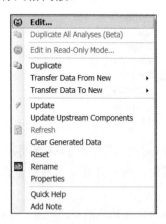

（4）Setup。

使用 Setup 单元格启动分析体系的边界条件设置部分。用户可以在该部分进行载荷施加、边界条件设置和其他分析应用的设置，设置的数据将在 ANSYS Workbench 分析项目中融合起来，包括分析体系之间传递过来的数据。

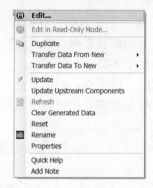

（5）Solution。

Solution 单元格可以获取求解应用的信息，还可以与下游数据共享求解数据（例如，用户可以用一个分析系统的求解结果作为另一个分析系统的键入条件）。

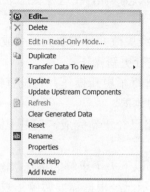

（6）Results。

Results 单元格表示所有求解结果的存储位置（作为后处理内容）。对于结果单元，用户不能和其他分析模块共同进行数据分享。

ANSYS Workbench 集成多个应用到单一、无缝的工作流程中，这些单元格的数据可以提供给其他流程，也可以从其他流程中获取数据。单元格状态作为一个数据流程的结果，可以根据项目流程内部数据的改变而改变。ANSYS Workbench 在每个单元格的右边提供一个可视的单元格状态指示相应的单元格状态。

未激活状态：表明上游数据不存在。单元格在这种状态下意味着用户不能打开分析界面。例如，假定用户对一个分析体系没有指定几何模型，所有几何模型以后的单元格将显示为未激活状态，除非指定了几何模型，否则不能运行。

刷新状态 🔁：上游数据已经更改，下游数据可以刷新或者更新。用户可以选择生成或者不生成输出数据。当一个单元格处于刷新状态时，用户可以进行以下几种操作：

● 编辑单元格和选择查看刷新了的数据。

● 刷新数据，这样就可以读取上游数据，但是不会有任何的运行操作结果。

● 更新单元格，这将刷新数据并生成相应的输出数据。

刷新不是更新全部单元格，优点是用户可以选择更有效的方法来更新数据。这种操作尤其是在用户执行一个复杂分析系统时十分有用，因为这些分析会耗费大量的时间或者计算机资源。

已激活状态 ❓：单元格所有键入处于等待状态，用户必须采取正确的操作。正确的操作是与该单元格或者与为该单元格提供数据的上游单元格进行交互式操作。处于该状态的单元格不能进行更新操作。这种状态表明，即使没有上游数据，用户仍然可以对该单元格进行交互式操作。例如，有些应用支持空模型状态操作，在这种状态下可以进行基于应用和平台而不考虑上游数据状态的操作。

更新状态 ⚡：表明本地数据已经更改并且需要重新生成输出数据。当更新一个刷新状态的单元格时，刷新将先进行，接着进行更新操作。

完成状态 ✔：对一个单元格进行了更新操作并且没有错误发生。它表示可以编辑单元格并且可以为其他单元格提供生成的数据。

更改状态 ✔✔：表明本地单元格已经更新完成，但是上游数据也进行了更新，本地数据还可以更改。

另外，求解或者分析单元格有以下关于求解的特殊状态特征：

中断求解状态 ⚡：这个状态表示已经根据需要暂停了求解，已经完成当前进行的迭代并写出了一个结果文件。用户可以使用这些求解结果进行后处理，也可以选择从该点继续求解。

求解中 ⚡：表示一个批处理求解正在进行。当一个单元格处于求解状态中时，用户可以在 ANSYS Workbench 中退出相关项目或者对其他项目流程进行编辑。如果用户去改变上游正在更新项目的单元格，那么这个单元格将不会在求解时进行更新。

如果部分操作失败，ANSYS Workbench 将提供一个可见的提示，一般有几种错误状态：

● 刷新失败 🔁✗：最近一次使用刷新命令来导入数据失败后，单元格仍保持刷新状态。

● 更新失败 ⚡✗：最近一次更新单元格并且生成输出数据失败后，单元格仍保持更新状态。

● 更新失败，处于激活状态 ❓✗：最后一次试图更新单元格生成输出文件失败，单元格处于激活状态。如果一个操作失败，用户可以查看最近的错误信息，在 ANSYS Workbench 窗口信息模块单击 Show Messages 按钮即可查看。

1.2.4.2 页面连接

连接具有在分析系统之间共享或者传递数据的功能。项目管理页面的主要连接功能如下：

● 分析系统之间数据共享，这种连接以方块作为结尾，如下图 A 所示。

● 从上一分析系统传递数据到下一分析系统，这种连接以圆形作为结尾，如下图 B 所示。

● 连接系统也可以表示输入参数和输出参数，这些连接线连接到参数方块。设置的输入参数和输出参数可以在分析系统中查看，如下图 C 所示。

● 把设计优化分析模块连接到项目参数管理器，这些连接线连接设计优化分析模块，如下图 D 和 E 所示。

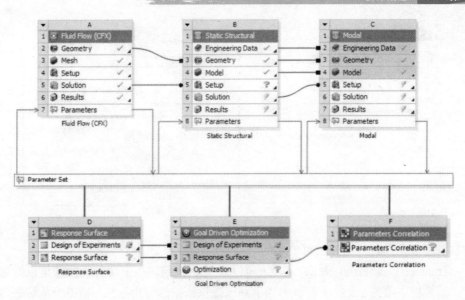

项目管理页面中以方块作为结尾的连接表示两个分析体系数据共享。如果要编辑这些数据，用户必须编辑最上游单元。如上图所示的例子，分析体系 A 和分析体系 B 共享几何数据，也与分析体系 C 共享几何数据。为了编辑任何体系中的几何模型，用户必须编辑分析体系 A 中的几何模型。在多数情况下，可以通过鼠标右键单击连接线选择弹出菜单中的 Delete 选项完成删除连接操作。

1.2.4.3　弹出菜单

弹出菜单通过在交互界面中使用鼠标右键单击的方式获得。弹出菜单是对已有的分析体系提供追加或者修改项目管理页面的方式。

弹出菜单与 ANSYS Workbench 的菜单栏有一些是一致的，包括以下弹出菜单：

（1）通用弹出菜单。

单元格和分析体系都可以获得相似的通用弹出菜单，主要包括：

- 复制：通过复制的方式建立一个与鼠标左键单击分析体系相同的分析体系。进行复制操作的以上单元格的数据是共享的。在复制单元格后续的单元格中数据不进行共享，数据只是被拷贝过来。
- 更新：刷新输入数据并生成要求的输出数据。任何与之相关的上游数据也将被完全更新。
- 重命名：重新对系统或者单元格命名。
- 刷新：读入所有上游已经更改了的数据，但是不生成单元格的输出数据。
- 快捷帮助：可以获得快捷帮助面板。
- 属性：在属性面板内显示应用单元格属性。
- 最近使用：列出最近使用的文件。
- 清除生成数据：清除单元格已经生成的任何数据或者已经生成并保存的任何存在数据，这些数据包括网格、输入文件、求解文件等。

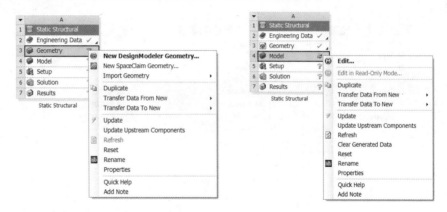

（2）传递弹出菜单。

许多单元格也具有传递弹出菜单功能。

- Transfer Data From New：建立一个上游分析系统，该上游分析系统可以给选中的单元格提供数据。仅显示可以为当前系统提供数据的分析系统。当用户从这些显示的系统中选中一个分析系统后，选中的系统就会出现在当前系统的左边，并且所有的连接都会显示连接完成。
- Transfer Data To New：建立一个下游分析系统，该下游分析系统可以从当前单元格读取数据。仅显示可以为当前分析系统提供数据的分析体系。当用户从这些显示的系统中选中一个分析系统后，选中的系统就会出现在当前系统的右边，并且所有的连接都会显示连接完成。

传递数据操作也可以通过根单元格实现。如果一个单元格由上游单元格驱动（如两个分析系统共享几何模型），用户只能通过原始单元格传递数据。

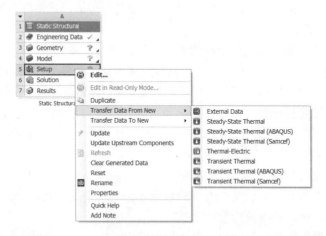

（3）系统头弹出菜单。

通过系统头弹出菜单可以进行如下操作：

- 刷新：刷新选中系统的所有单元格。
- 更新：更新选中系统的所有单元格，包括为该分析系统提供数据的上游系统的任何单元格。
- 复制：复制所有单元格，单元格间没有数据共享。等价于对第一个分析系统的所有单元格进行拷贝。

- 替换：更改用户的分析系统或者其他的求解器。

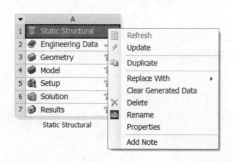

Static Structural

（4）项目管理页面空白处弹出菜单。

鼠标右键单击项目管理页面空白处即可出现该弹出菜单。并不是所有时候都可以看到此弹出菜单，主要是依据用户的项目状态。

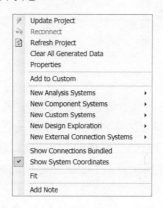

1.3　ANSYS SpaceClaim 功能特点

（1）智能化的图标菜单。

SpaceClaim 提供了良好的菜单结构：用户在图形操作区和菜单区之间移动光标的次数尽量少，菜单层次尽量少，菜单直观、简洁、明了，菜单项排列根据使用频率自动组合、调节位置，操作指令结构十分简化。

SpaceClaim 没有复杂的菜单结构，因为在有大量命令需求的情况下才需要菜单，当命令被精简到少数的几个或十几个时，层叠的菜单就没有必要了，这样可以实现最快的操作速度。

SpaceClaim 主要的命令只有 4 个：拉动、移动、填充、组合。

（2）拖曳式造型

SpaceClaim 采用的是拖曳式操作，直观、快速、所见即所得。在变量化技术的支持下，利用形状约束和尺寸约束可以分开处理的灵活性,已经实现了对零件上的常见特征直接以拖曳的方式直观、实时地进行图示化编辑修改的功能。

（3）动态导引器。

SpaceClaim 会在操作过程中根据需要在光标的上方弹出一个半透明的微型工具栏,鼠标所需移动的距离极少,智能而方便。

（4）动态建模技术。

动态建模技术提供了一个具有高度适应性的灵活设计环境,支持具有大量偶然性因素的设计模式,这种灵活性使得 SpaceClaim 成为概念定义、设计创建和模型修改的理想工具。

（5）几何推论技术。

几何推论技术可以实时地判断和高亮出设计的相似性,例如同半径值的孔或共面的曲面,在模型创建和修改时可以提高操作效率。

（6）多种选择方式：颜色、类型、多边形域。

多种选择方式方便用户快速从复杂的装配件中选出所需操作的零部件。

1.3.1　直接建模

传统的 3D 软件都是基于特征的参数化建模系统,尽管其详细设计功能曾得到用户的肯定,但这些软件复杂的模型特征树及特征之间的约束条件等关联,经常造成模型修改的困难并导致重建失败,已无法满足工程领域日益受到重视的创新和概念设计以及仿真驱动设计的需求。有别于其他基于特征的传统 CAD 建模工具,基于直接建模的 SpaceClaim 摒弃了传统 3D 软件的特征树及隐藏约束条件等建模概念,为工程界提供了一个高度灵活的动态建模空间。SpaceClaim 可以智能捕捉并识别内部创建及外部导入的各种几何特征,然后利用切割、移动、组合等工具进行特征编辑,最大限度地降低了鼠标单击操作,较之传统 3D 软件可以提升建模、编辑效率 5～10 倍。

基于直接建模思想的 ANSYS SCDM 代表的是一种动态建模技术,即对无论何种来源的模型都可以直接编辑,不需要考虑模型的历史,不受参数化设计中复杂的关联的约束。

SpaceClaim 的直接建模技术为用户提供钣金设计功能。钣金设计包含了自动折弯和展开,并能在三维设计和钣金设计之间切换,可以设定钣金设计的厚度、弯曲半径和 K 系数,对输入的薄壁模型也可做钣金设计。

SpaceClaim 作为操作快速的三维 CAD 软件,可以把产品设计周期由几周缩短到几天甚至几个小时,并且界面简单、操作直观、容易学习和掌握,功能却不逊色于其他任何主流参数化建模系统。

1.3.2　二维用户到三维建模的最佳选择

SpaceClaim 可以直接打开 DXF、DWG 数据格式并直接将其用于后续的三维模型构建,方便快捷。

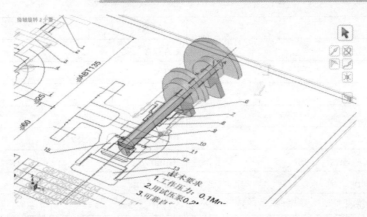

　　SpaceClaim 可以进入任意方位的剖面编辑模式，通过对二维剖面的编辑实现三维设计的修改，非常符合二维设计人员的习惯。另外，模型复杂时，在剖面模式可以清晰地看到组件之间的局部装配关系，检查可能存在的装配间隙及干涉问题。

　　SpaceClaim 还可以生成各种二维及三维图纸，并完成相应的尺寸标注、注释、形成零件清单等绘图工作。

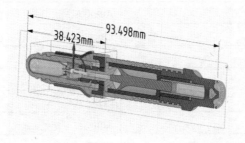

1.3.3　丰富的数据接口

　　SpaceClaim 拥有充足的数据交换包，可以直接读取各种 CAD 系统的原始文档，也可以读取各种标准格式的 3D 模型，直接扩大了 3D 模型的使用范围，使跨行业的设计合作成为可能。

　　利用 SpaceClaim 优秀的数据交换包还可以对不同 CAD 系统完成的文件进行全面的设计审核，非常适合于专业的设计审核机构和单位使用。

　　目前，在 SpaceClaim 中可以直接读取、编辑和调用的数据格式包括：

ACIS	ANSYS
AutoCAD	CATIA
ECAD	IGES
Inventor	JT
NX	OSDM
Parasolid	PDF
Pro/E	Rhino
SketchUp	Solid Edge
SolidWorks	STEP
STL	VDA
JPEG	……

在 SpaceClaim 中可以导出的数据格式包括：

ACIS	AutoCAD
CATIA	Fluent Mesh
Icepak Project	IGES
JT	OBJ
Parasolid	PDF
POV-Ray	Rhino
SketchUp	STEP
STL	VDA
Bitmap	GIF
JPEG	……

1.3.4　三维几何模型建立功能

SpaceClaim 的建模工具可以在零件或装配体的 剖面视图模式、 草图模式以及 三维模式下工作，甚至是在 SpaceClaim 的 3D 标注环境下工作。用户在熟悉的 2D 设计视图下通过开始一个布局或对 2D 元素进行回转、对称等操作即可轻松得到三维的组件。

SpaceClaim 集成的工作空间提供了单一的设计环境，既可以针对零件进行工作，也可以针对装配体进行工作。这样的工作空间适合自上而下的工作方式，因为随着设计的推进，零件可以根据需要方便地合并与拆分。此外，使用鼠标左键在设计的结构树上拖曳即可实现装配结构与层次关系的快速调整。

（1）草图工具。

草图模式使用户可以快速地创建草绘外形。用户可以进行精确尺寸的草图定义，也可以给出大略的布局，后期再进行修改。草图元素包括 直线、 扫掠弧和 样条曲线等。

（2）拉动工具。

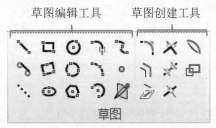

草图编辑工具　草图创建工具

草图

 拉动工具通过一个简单的动作即可实现几何的创建和修改。用户可以拉动一个曲面而得到实体、腔体或孔，也可以使用拉动命令绕着一个轴线进行旋转操作，或者创建两个截面之间的混成（融合）实体或曲面等更为高级的几何。沿着一个轨迹拉动某轮廓会得到一个扫略体（面），拉动一条边可以创建一个倒圆角或倒角。

（3）移动工具。

 移动工具加快了移动或复制几何的速度，通过一个 3D 的移动手柄来指定几何移动的方向、旋转角度和位置。

（4）填充工具。

 填充工具可以快速方便地进行 CAD 模型的修改，比如倒圆角等几何特征的去除。

（5）组合工具。

 组合工具提供了用于合并或分开一组几何的单一工具。通过使用组合工具，一个零件内的几何或者不同零件内的几何都可以被分开或合并。

（6）高级选择。

高级选择使用户可以搜索类似的几何并且方便地选择某几何的子集或者从结果列表中选择完整的组，以便一次性地修改、移动或删除。此外，先前选择的几何组会被记忆并呈现给用户。当用户频繁进行选择操作时，此功能会是加速用户建模或修模效率的可靠手段。

（7）工具向导。

向导是一组专用的图标，当用户选择了一个工具或操作后，此图标组会显示出来。向导以清晰、图形化的方式给出了每个工具的可能操作类型，帮助用户完成选定的操作。选中的图标会显示在光标的旁边，给出当前任务的明确指示。

（8）装配设计。

装配设计功能包括了一个装配内零件的配合与定向，同时也具有将这些约束打开与关闭的灵活性，装配的关联显示于装配结构树之上，可以激活或使用鼠标选中相应的勾选框将之移除。

（9）多种实用模型处理工具。

实用模型处理工具包括：

- 阵列工具界面（包括线性、旋转和填充阵列）。
- STL 格式可作为实体模型导入。
- STL 模型截面曲线拟合。
- 对面或者区域进行裁剪。
- 标准孔创建向导。
- 草图尺寸功能。
- 模型最小尺寸测量。
- 多核运算快速处理小面模型。
- 平面拖曳建模。
- ……

1.3.5　适合于 CAE 仿真的 CAD 模型修改

CAD 模型虽然能够准确表达研发产品的几何形状，但是往往一些几何特征不适合体现在仿真分析中，因此 CAD 模型在用于 CAE 网格划分操作之前通常需要进行模型清理工作，例如去除不需要的孔、小的导圆、倒角、小的凸台等。通常这些工作会需要很大的工作量，但借助于 SpaceClaim 这些操作变得十分简单。

SpaceClaim 提供了快速的模型修改与清理工具，比如填充工具适合去除凸台、凹孔、倒角等部位，可智能判断所选取面所属的部位特性，然后施加不同的操作。对凸台执行的是去除，对凹孔执行的是填充等。一个命令就可以完成绝大多数的清理任务。

下面是使用 SpaceClaim 进行 CAD 模型清理的一些典型应用。

例一：批量去除倒圆角。

先选中一个较大的倒圆角，然后在选择面板中单击 🔍 搜索按钮，在结果窗口中有一项"等于或小于圆半径"，选中，然后单击填充工具，所有等于或小于选中圆角半径的倒圆角都会被去除。

例二：去除凸台类特征。

从左向右拖动鼠标框选需要去除的特征，然后单击填充工具。

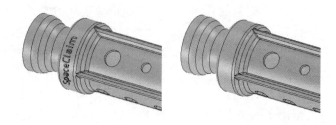

例三：去除复杂腔体。

对复杂开口腔体进行操作的难点在于如何选择，普通的框选难以选中所有的腔体表面，此时可以按住 Ctrl 键分别选中复杂腔体内不同典型区域的一个面，然后在选择面板中单击🔍搜索按钮，按住 Ctrl 键在结果窗口中选中所有的凹孔部分，然后单击填充工具，复杂腔体即可被填充。

例四：批量去除同半径圆孔。

选中一个圆孔的内表面，然后在选择面板中单击🔍搜索按钮，在结果窗口中有一项"等于孔半径"，选中，然后单击填充工具，所有等于选中圆孔半径的圆孔都会被去除。

例五：批量抽取中面。

选中实体模型的两个对应面，程序会自动查找其余对应的面，单击抽取中间面工具即抽取完成。

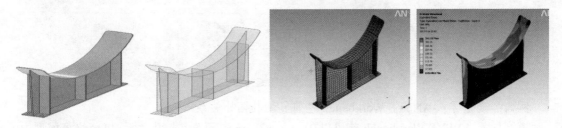

例六：抽取梁模型。

采用抽取梁工具可以直接抽取实体模型为梁模型并生成梁截面，自动延伸梁模型使彼此相交。

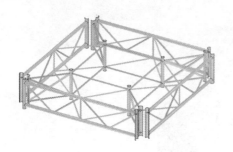
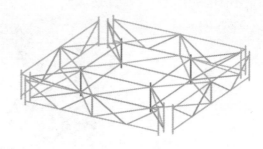

结构	📌
⊟ ☑ 📁 横梁	
☑ 抽取的横梁 (抽取的轮廓1)	
☑ 抽取的横梁 (抽取的轮廓2)	
☑ 抽取的横梁 (抽取的轮廓2)	
☑ 抽取的横梁 (抽取的轮廓3)	
☑ 抽取的横梁 (抽取的轮廓3)	
☑ 抽取的横梁 (抽取的轮廓3)	
☑ 抽取的横梁 (抽取的轮廓3)	
☑ 抽取的横梁 (抽取的轮廓4)	

结构 | 图层 | 组 | 选择 | 视图

属性	📌
I_{xx}	53651.207cm^4
I_{xy}	0
I_{yy}	53651.207cm^4
剪切中心 X	0
剪切中心 Y	0
扭力常数	107302.414cm^4
翘曲常数	0
区域	220.101cm²
质心 X	0
质心 Y	0

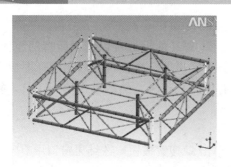 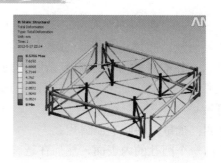

例七：体积抽取及包围体创建功能，用于流体及电磁分析域的几何生成。

例八：模型导入 ANSYS Workbench 之前显示其拓扑关系。

模型导入 ANSYS Workbench 前可以在 SpaceClaim 中预览其拓扑关系，以便修复模型中没有共享拓扑的几何元素。

1.3.6　逆向工程的极佳选择

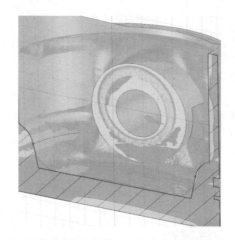

前已述及，SpaceClaim 是当前市场上最快速的实体建模软件。借助其高效率的模型创建能力可以直接对扫描数据进行操作，并将处理所得的数据与已有的 2D 或 3D 数据组合，从而快速地形成新的设计，为逆向工程建模提供以下便利：

- 将扫描特征变成实体。
- 对数据进行整合形成即时设计方案。
- 把不精确的图纸数据转换成精确的表面，如圆柱面、锥面等。
- 利用添加或切除材料对扫描数据进行编辑，进而用于模型装配及修改。

- 不会出现隐含约束、重建错误及外部关联性问题。
- 极大地提升了建模速度，显著缩短了模型构建周期。

1.3.7　辅助制造的利器

夹具、模具设计是产品制造前的一项重要工作，但客户提供的 3D 模型数据格式不一。SpaceClaim 能够打开不同的 CAD 系统文件，更好地帮助用户快速理解 3D 模型并直接在 3D 模型上做设计，按照制造和加工工程师的意图输出加工图纸。

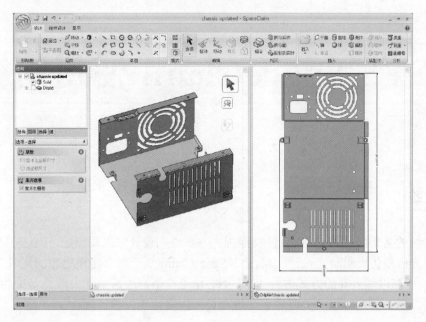

SpaceClaim 具有一流的钣金设计功能，它可以利用直接建模技术快速进行钣金设计，也能够将已有几何转换成钣金，或者对不符合钣金生产标准的组件进行修复。

2

ANSYS SpaceClaim 使用简介

2.1 引言

尽管传统的基于特征的 CAD 软件功能强大并在详细设计时表现出色，但这并不适合概念设计、工程分析和仿真驱动型设计。ANSYS SpaceClaim 基于直接建模思想的集成工作环境使 CAD 工程师能够以最直观的方式进行工作，不必承受模型修改后重建失败而带来的成本困扰，无需考虑错综复杂如迷宫般的关联关系，进而最大程度地支持设计优化。

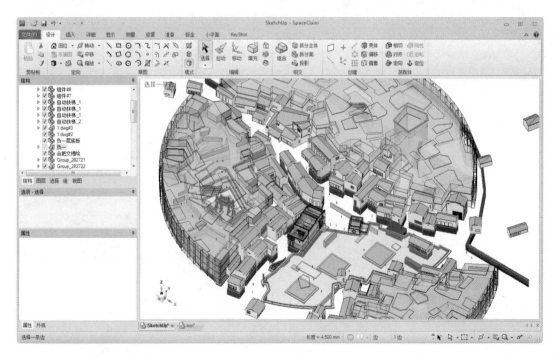

本书以 ANSYS SpaceClaim 17.0（2016.0.0.110329）的中文界面为基础，突出 16.0 至 17.2 版本的新增功能，介绍基于直接建模（explicit modeling、direct modeling 或 non-parametric modeling）的 ANSYS SpaceClaim（ANSYS SCDM）。

ANSYS SpaceClaim 提供了一种全新的 CAD 几何模型的交互方式，使得对基于特征建模的 CAD 系统不熟悉的 CAE 工程师可以快速建立或者修改 3D 几何模型，集成于 ANSYS Workbench 平台，适用于多种数据来源的 CAD 模型的快速修改、中性 CAD 模型的参数化、CAE 仿真模型的快速建立等情况。

2.2　交互界面

SpaceClaim 作为 ANSYS 软件体系中几何建模工具的重要组成部分可以通过 ANSYS Workbench 平台中的 Geometry 启动，也可以在 Windows 开始菜单中的 SCDM 打开。

SpaceClaim 的图形用户界面（GUI）符合 Microsoft Office 的操作习惯并支持中文操作界面，设置方法参照 2.3.9 节。

用户界面由以下几部分构成：

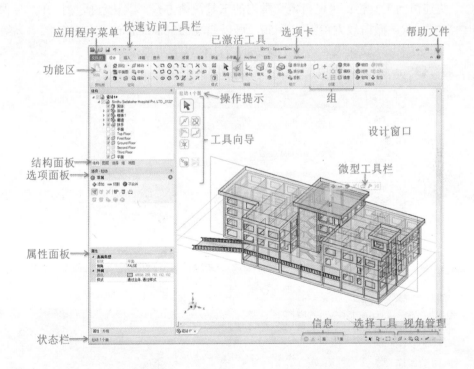

（1）应用程序菜单：包含 🖹新建、📂打开、💾保存等命令以及 ⚙SpaceClaim 选项按钮。

（2）快速访问工具栏：可以自定义常用的工具快捷方式，默认包括📂打开、💾保存、🔄撤销和🔄恢复。默认撤销最大步骤数为 50，可以通过⚙SpaceClaim 选项按钮的"高级"选项卡自定义。将常用工具放到快速访问工具栏的方法有以下两种：

● 通过⚙SpaceClaim 选项按钮的自定义菜单进行设置。

● 在功能区的工具处鼠标右键单击添加到快速访问工具栏。

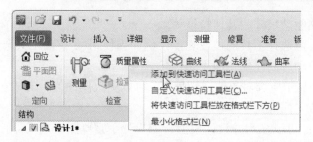

（3）选项卡：按照设计意图将工具分为几大类，如设计、详细、测量、准备等。可以通过鼠标滚轮实现选项卡之间的快速切换，也可以通过鼠标左键双击选项卡隐藏所有工具。

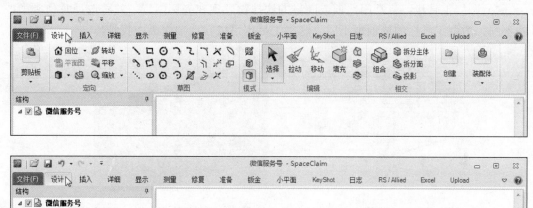

（4）功能区：主要按照设计阶段将工具放置在不同区域，如"设计"选项卡分为定向、草图、编辑等多个功能区，其中编辑功能区放置了拉动、移动等工具。将鼠标放在工具处会浮出该工具的快捷键及主要功能描述。例如，⟋拉动工具的键盘快捷键为括号中的字母 P。

（5）面板：是管理对象属性和工具选项的窗口，默认停靠在设计窗口的左侧，可以拖曳和拆分这些面板，主要包括以下几种：

- 结构面板：提供管理结构树的窗口，显示除历史特征记录之外的几何对象及装配关系，可以使用对象名称旁边的选框显示或隐藏任何对象。
- 图层面板：管理图层，通过图层可以设置对象的视觉特性。该对象可以是几何特征，也可以是工程图纸的标注。
- 选择面板：提供多种筛选几何特征的条件，可批量选出与当前所选特征具备某种共性的其他特征。
- 组面板：是存储所选对象的组，其与 ANSYS Workbench 中的 Named Selections 相对

应，可存储驱动尺寸、几何特征等。

- 选项面板：可选择工具的扩展功能，例如当使用 拉动工具选择边时，选择 倒角选项以在拉动时创建倒角而不是圆角。
- 属性面板：显示所选对象的详细信息，可以更改属性值。该对象可以是结构树中的组件、零件或平面等。

（6）设计窗口：可以显示并设计模型。如果处于 草图模式或 剖面模式，则设计窗口包含草图栅格以显示当前的二维平面。所选工具的向导默认显示在设计窗口的左侧，光标附近会浮现带有常用选项和操作的微型工具栏。

（7）微型工具栏：将常用选项或向导的快捷键浮现在光标附近。随着选择几何类型或工具的不同，微型工具栏的选项也不同。这些工具也可以在选项面板中找到。

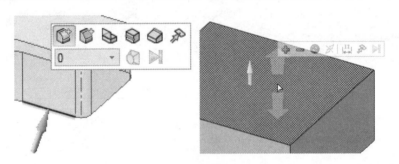

（8）状态栏：显示与当前操作相关的提示信息和进度信息，选择过滤器和视角记录选项。

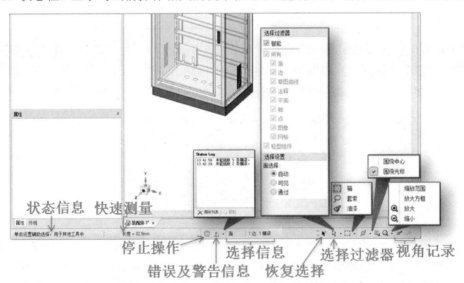

- 状态信息：显示当前激活工具或操作的相关信息。
- 快速测量：显示所选几何特征的间距、夹角和坐标等简单信息。对于惯性矩、质量等高级信息，需要使用"测量"选项卡中的 测量工具（Measure）。

- 停止操作：可以终止当前操作，快捷键为 Esc。

- ⚠错误及警告信息：在操作出错时将有提示信息。鼠标左键单击该图标⚠以显示与当前设计相关的错误或警告信息。鼠标左键单击其中的信息即可高亮显示相关的几何特征。鼠标左键双击信息即可选中该几何特征。
- 选择信息：列出当前所选对象的类型及数量。

1面,1边,1横梁,1顶点

- ↕🖮恢复选择：可以恢复上一次的选择对象，以防误操作将选择的对象丢失，也可以使用快捷键 Ctrl+Shift+鼠标滚轮滚动切换所选对象的父项或子项。
- ↳·选择过滤器：默认是智能判断用户所选的几何类型，也可以使用快捷键 Ctrl+鼠标滚轮滚动辅助切换在同一位置的不同几何类型。如果选择梁，需要在"选择过滤器"中勾选"边"；如果选择面或三角面片，需要在"选择过滤器"的"面选择"中调整为"可见"或"通过"。

- ⸬·选择模式：对应🖮选择工具，支持⸬框选、⭕套索和🖌油漆三种模式。
- 🪐·视图控制：使用鼠标滚轮拖曳实现对几何的转动操作，默认的转动中心是光标所在的位置，也可以设置转动中心为几何形心。

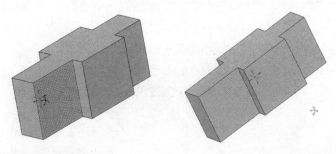

- 🔙 🔜视图记录：可以使用🔙前一个视图或🔜后一个视图工具恢复之前设计窗口的视角，快捷键为←和→。

2.3　SpaceClaim 选项设置

可以通过应用程序菜单进入 ⚙SpaceClaim 选项自定义默认设置，使 SpaceClaim 符合操作习惯。

2.3.1　常用

常用（Popular）选项可以更改图形性能选项、启动选项、界面选项和控制选项。

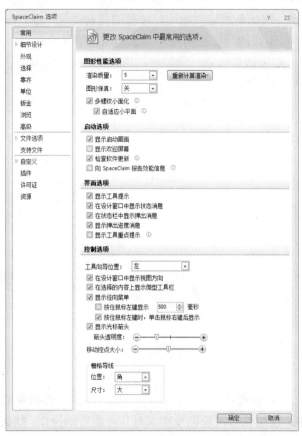

例如，"显示光标箭头"可沿箭头移动鼠标以编辑所选对象，"箭头透明度"滑块可以控制光标箭头的透明度，"移动控点大小"可以调整移动工具手柄的大小。

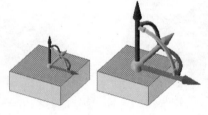

2.3.2　细节设计

细节设计（Detailing）选项对应"详细"选项卡的设置，可以更改视图选项、注释选项和线型选项。可以自定义单个设计中注释的样式或者设置某种自定义样式为所有设计的默认样式。既可以快速定义符合 ASME、ISO 或 JIS 标准的样式，也可以通过自定义注释指引线、尺寸和形位公差来创建样式。

2.3.3 外观

外观（Appearance）选项可以定义工具栏样式及颜色方案，其中 重置停放布局 按钮可以重置交互界面的窗口布局。

2.3.4　选择

选择（Selection）选项可以设置鼠标点击时的容差半径，也可以设置选择面板自动选择时的相对公差，默认为 1%。

2.3.5　靠齐

靠齐（Snap）选项可以设置 草图模式和 三维模式下鼠标的吸附对象，也可以设置用鼠标进行拖曳操作时的增量。

例如，当 移动工具转动手柄在鼠标左键拖曳时的角增量为 45°。

2.3.6　单位

单位（Units）选项可以针对所有的新设计或当前设计设置单位、草图栅格和文本高度单位。

"所有新文档"为所有设计的默认细节样式，这些设置不会影响当前打开的任何文档；"本文档"仅为当前设计设置选项。

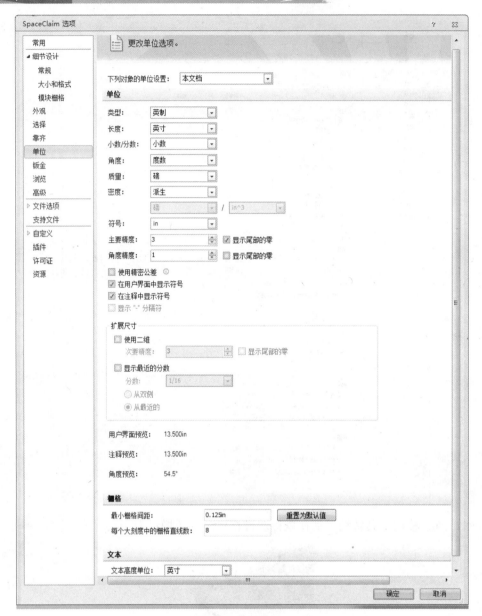

单位可以选择英制或者公制类型及对应的显示符号，以及主要精度、角度精度和使用精密公差。

2.3.7 钣金

钣金（Sheet Metal）选项可以设置钣金组件的厚度、折弯和折弯止裂槽的默认值，也可以对每个组件或每处折弯更改这些默认值，方法是选择该组件或该处折弯，然后在属性面板中修改这些属性值。可以通过"单位"选项来设置所有新文档的钣金单位。

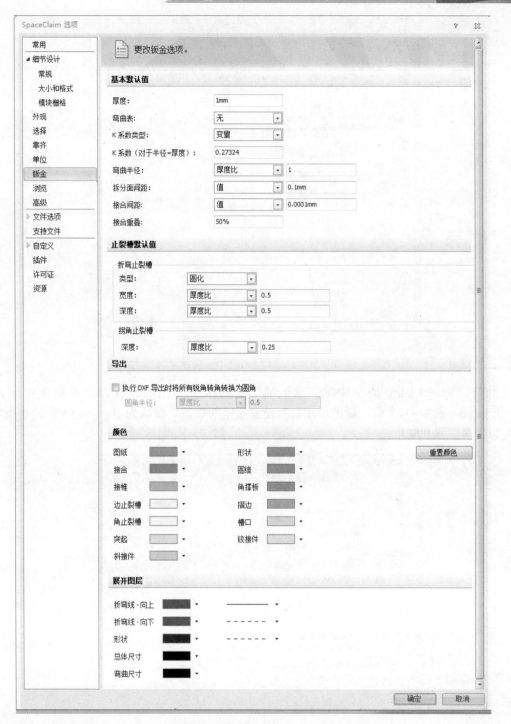

2.3.8 浏览

浏览（Navigation）项可以设置鼠标操作的交互方式。

2.3.9 高级

目前，SpaceClaim 是 ANSYS 旗下唯一支持中文界面的软件。语种切换位于高级（Advanced）选项中。"最大撤销步骤数"设置撤销的数量，默认为 50，ANSYS 17.0 版本之后可以最多保存 999 步。

在行为选项中顶视图方向为新建设计时默认草图的方向。

Graphics 选项可以切换渲染器类型，也可以使用快捷键 Ctrl+Alt+Shift+R 在交互界面中显示快捷方式。

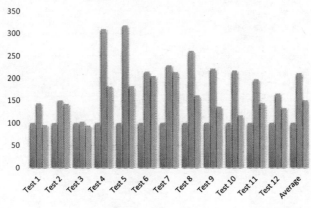

2.3.10　导入/导出

文件选项（File Options）可以设置多个文件类型的导入或导出选项，如 STL、Workbench 等常用的数据格式。

STL 文件选项中能够设置导入单位和导出面片的大小。在导出到 STL 时，分辨率指用于表示圆的多边形的边数，偏差指圆半径和多边形半径的差值，角度指多边形的边与同一点处圆的切线之间的角度。

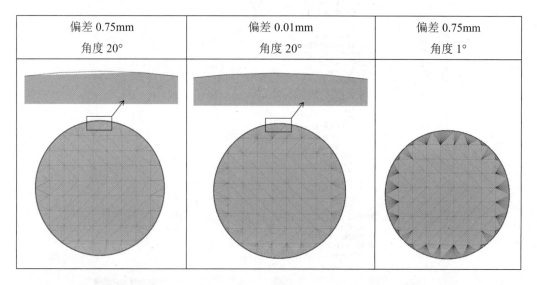

偏差 0.75mm 角度 20°	偏差 0.01mm 角度 20°	偏差 0.75mm 角度 1°

Workbench 选项可以设置与 ANSYS 之间的数据传递，详见 4.5 节。

   📖 在作二维 CAE 分析时，需要在 XY 平面内建模，也可以将建好的 2D 模型转动到 XY
平面。

   📖 ANSYS 16.2 版本以前的数据传递选项在 ANSYS Workbench 中。

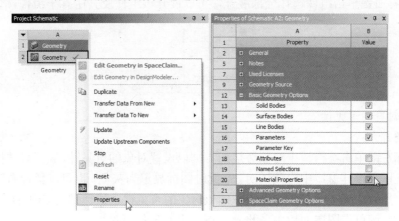

2.4　面板操作

面板是 SpaceClaim 管理设计对象和实现功能选项的窗口。面板默认显示在应用程序窗口
的左侧，也可以拖曳和拆分这些面板。重置面板布局可以参考 2.3.3 节。

2.4.1　结构

结构（Structure）面板用于统一管理结构树中的对象，可以显示或隐藏设计中的每个对象，
也可以重命名、创建、修改、替换和删除对象以及使用组件。在设计窗口中选择一个实体、面
或其他对象时，该对象在结构树中是高亮的。可以使用快捷键 Ctrl 或 Shift+鼠标左键单击在结

构树中同时操作多个对象。

1. 展开或折叠组件

（1）鼠标左键单击 ▷ 按钮展开组件，快捷键为数字键盘+。

（2）鼠标左键单击 ◢ 按钮折叠组件，快捷键为数字键盘-。

（3）鼠标右键单击组件选择全部展开，可以展开该组件及其所有子组件，快捷键为*。

2. 设置对象的可见性

有以下三种方式：

● 鼠标左键单击结构树中对象旁边的方框以设置对象的可见性。取消对结构树中方框的勾选以在设计窗口中隐藏该对象，此时图标显示为灰色。也可以鼠标右键单击一个对象，然后选择"隐藏"选项来关闭该对象的可见性，快捷键为 Ctrl+H。

● 鼠标左键单击图层面板中 💡 设置该图层上对象的可见性。

● 鼠标右键单击结构树中的对象并从弹出菜单中选择"始终可见"，此时不受所在图层可见性的影响。

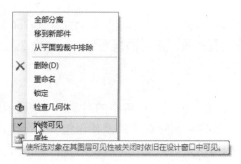

3．在结构树中查找对象

鼠标右键单击设计窗口中的任意实体、曲面、平面、轴或其他对象，在弹出菜单中选择在结构树中定位。结构面板将展开组件，以显示对象在结构树中的位置，快捷键为 Ctrl+F。

4．重命名对象

鼠标右键单击结构树中的对象选择重命名，快捷键为 F2。

　📖　保存文件后，结构树顶层的组件名称将设为文件名。

5．将对象移入组件中

鼠标左键拖曳任何对象或组件将其放入其他组件中。

6．使用对象作为工具的辅助选择

Alt+鼠标左键单击结构树中的一个对象。例如，如果要旋转一个对象，可以鼠标左键单击要拉动的面，然后 Alt+鼠标左键单击结构树中的一个轴以设置拉动操作的旋转轴。

2.4.2　图层

图层（Layers）面板将对象按照图层分组并设置其视觉特性，如可见性和颜色。图层是视觉特性的一种分组机制，该对象可以是几何特征，也可以是工程图纸的标注。在"显示"选项卡中的"样式"功能区可以访问和修改图层。在隐藏注释平面时，图层尤为有用。

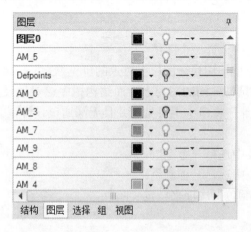

所创建的任何对象都会被自动分组在"激活"图层上。

1. 创建图层

（1）在"图层"面板中鼠标右键单击并选择"新建"选项。

（2）新建图层自动变为激活图层，所创建的任何对象默认放置在此图层上。

2. 重命名图层

（1）在"图层"面板中鼠标右键单击该图层并选择"重命名"选项。

（2）不能重命名 Layer0。

3. 删除图层

（1）在"图层"面板中鼠标右键单击该图层并选择"删除"选项。

（2）不能删除 Layer0。

4. 将对象置于图层上

（1）在结构面板或设计窗口中鼠标左键单击对象。

（2）从下拉列表中选择一个不同的图层以将所选对象置于该图层上。

（3）也可以鼠标右键单击"图层"面板的图层，选择"分配到图层"选项。

5. 设置图层可见性

（1）在"图层"面板中选择一个图层。

（2）鼠标左键单击💡按钮切换该图层上对象的可见性。

📖 如果对象位于可见性关闭的图层上，而结构树中该对象设置为按图层显示可见性，
则该对象在"设计"窗口中不可见，并且无法通过设计工具进行操作。

6. 修改图层颜色

（1）在"图层"面板中选择一个图层。

（2）从色块下拉列表中选择一种颜色。

📖 可以选择"更多颜色"选项来自定义颜色。

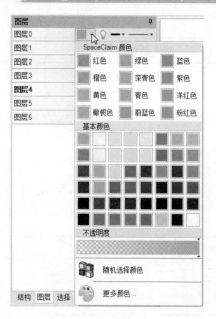

2.4.3 选择

选择（Selection）面板提供了丰富的筛选条件，用于批量选择对象。筛选结果基于所选几何，并在设计窗口中高亮显示，状态栏的选择信息中列出了被选中对象的数量。

对象	筛选条件	示例
体	=、≤或≥所选零件的体积	可以快速筛选螺栓等连接件
同轴面	同轴孔 同轴圆柱 同轴凸台	

对象	筛选条件	示例
边	相同长度的边 相同长度和方向的边 同一个面上相同长度的边 面的环边	
特征	凸台 外缩凹孔 内表面 封闭	
阵列	阵列成员 间距	
圆角	圆角 倒角	
同尺寸	=、≤或≥面积的面 =、≤或≥半径的面	
同颜色	同色的面	
壳	=、≤或≥厚度的壳	
梁	同一配置文件	相同截面轮廓

📖 ANSYS 17.0 版本之后支持厚度条件筛选壳。

1. 筛选类似于当前所选的对象
（1）选择任意对象。
（2）鼠标左键单击"选择"面板。
（3）（可选）从下拉列表中选择一个类型以仅显示具有所选类型属性的对象。
（4）鼠标左键单击 🔍 搜索按钮搜索相关的对象。
📖 将鼠标停留在列表对象的上方可以在设计窗口中高亮显示这些对象。
（5）鼠标左键单击列表中任意数目的相关对象将其添加到当前选择。

2. 查找曲面中所有的环边
（1）鼠标左键三连击曲面。
（2）在"选择"面板下拉列表中选择"曲面环边"。
（3）鼠标左键单击以搜索整个曲面上的所有环边。

3. 筛选或创建可能阵列

（1）鼠标左键框选凸台或凹孔。

（2）Alt+鼠标左键单击可能阵列的表面。

（3）从下拉列表中选择"识别阵列"以显示包含所选凸台或凹孔的可能阵列。

（4）鼠标右键单击可能的阵列并从弹出菜单中选择"创建阵列"选项，即可将所选凸台或凹孔转换为阵列。

（5）（可选）选择阵列成员的一个表面以显示进行编辑的数目和尺寸。

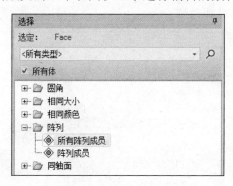

4. 选择封闭实体内表面

（1）鼠标左键单击带有内部空间的实体表面。

（2）从下拉列表中选择内部表面，以显示所有的内部表面。

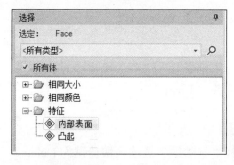

2.4.4 组

组（Group）面板与 ANSYS Workbench 的 Named Selections 对应，可以创建任何所选对象的集合，也可以是参数化的驱动尺寸，详见 3.3.7 节。

 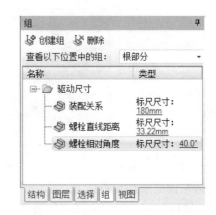

1. 创建组

（1）选择一个或多个对象。

（2）鼠标左键单击"组"面板中的创建组，快捷键为 Ctrl+G。

（3）鼠标左键单击面板中的组将选中这些对象并在设计窗口中高亮显示。同时，在状态消息中会显示几何对象的数量和类型。

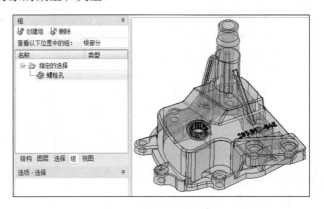

2. 重命名组

（1）鼠标右键单击组。

（2）从弹出菜单中选择"重命名"选项，快捷键为 F2。

（3）键入该组的新名称并按 Enter 键。

3. 删除组

（1）鼠标右键单击组。

（2）从弹出菜单中选择"删除组"选项，快捷键为 Delete。

2.4.5 视图

视图（Views）面板提供了一些常用的标准视角，当然用户也可以根据需要自定义视角。自定义视角的步骤如下：

（1）调整到需要的视角。

（2）鼠标左键单击"视图"面板中的  创建。

（3）（可选）在"名称"栏中键入"微信号：SpaceClaim"。

（4）（可选）在"快捷方式"下拉列表框中选择 Ctrl+9。

（5）创建完毕，鼠标左键单击（快捷键 Ctrl+9）即可调用该视角。

2.4.6 选项

选项（Options）面板可以选择工具的扩展功能，部分选项会在微型工具栏中显示。例如，当使用 拉动工具选择一条边时，选择 倒角选项以在拉动该边时创建倒角。

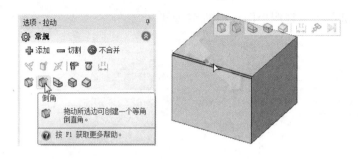

2.4.7　属性

属性（Properties）面板可以查看或编辑所选对象的属性，如零件材料、阵列参数、点焊参数、实体颜色、⬚平面外观等。

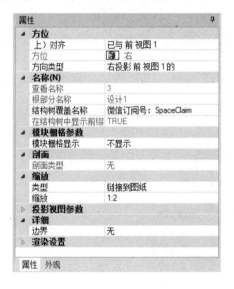

1. 修改对象属性

（1）选择结构树或"设计"窗口中的对象。

（2）鼠标左键单击"属性"面板。

2. 为设计创建自定义属性

（1）鼠标左键单击结构树的顶层时会显示文档属性。

（2）在"属性"面板中鼠标右键单击并选择"添加文档属性"选项创建一个自定义属性，展开该属性以显示内容。

（3）为该属性键入一个名称，选择其类型（日期、布尔、数字或字符串）并键入内容。

3. 为实体或组件创建或指定材料

（1）在结构树中鼠标左键单击实体或组件。

（2）鼠标左键单击"属性"面板。

（3）在"材料名称"栏中键入材料的名称。

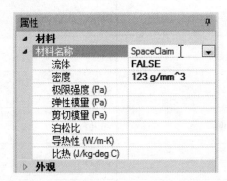

（4）在"密度"栏中键入材料的密度。

2.5　快捷方式

SpaceClaim 具备丰富的交互方式以提高几何处理效率，包括鼠标手势、键盘快捷键、键盘组合键、屏幕触控等。

2.5.1　鼠标手势

在"设计"窗口中使用鼠标手势作为常用操作和工具的快捷方式。若要取消操作，暂停一秒钟即可。

鼠标右键拖曳	功能或工具	英文名称	图标
←	撤销	Undo	↶
→	恢复	Redo	↷
∧	隐藏	Hide	
∨	粘贴	Paste	📋
≥	删除	Delete	
∟	草图模式	Sketch Mode	
∠	剖面模式	Section Mode	
⌐	三维模式	3D Mode	
⌐	直线	Line	＼
⊐	圆	Circle	◎

鼠标右键拖曳	功能或工具	英文名称	图标
	矩形	Rectangle	
	投影到草图	Project to Sketch	
	组合	Combine	
	拆分体	Split Solid	
	拆分面	Split Face	
	选择	Select	
	全选	Select All	
	拉动	Pull	
	移动	Move	
	填充	Fill	
	创建平面	Plane	
	创建轴	Axis	
	壳体	Shell	
	偏移	Offset	
	镜像	Mirror	
	测量	Measure	
	回位	Home	
	正三轴		
	正视对象		
	前一视图	Previous View	
	后一视图	Next View	

鼠标右键拖曳	功能或工具	英文名称	图标
	放大	Zoom In	
	缩小	Zoom Out	
	缩放范围	Zoom Extents	
	顺时针旋转		
	逆时针旋转		
	新建设计	New Design	
	新设计窗口	New Design Window	
	上一个设计窗口	Previous Design Window	
	下一个设计窗口	Next Design Window	
	关闭设计	Close Document	
	打印	Print	

2.5.2　快捷键

键盘	功能或工具		图标
A	质量属性	Mass Properties	
B	融合	Blend	
C	圆	Circle	
D	三维模式	3D Mode	
Delete	删除	Delete	
E	测量	Measure	
Enter	完成	Complete	
Esc	取消当前操作	Escape	
F	填充	Fill	
F1	帮助文件	Online Help	
F3	帮助视频	Video Help	
F5	重播日志	Journal	
F11	全屏	Full Screen	
F12	另存为	Save As	
H	回位	Home	

续表

键盘	功能或工具		图标
I	组合	Combine	
K	草图模式	Sketch Mode	
L	直线	Line	
M	移动	Move	
O	辐射菜单	Radial Menu	
P	拉动	Pull	
R	矩形	Rectangle	
S	选择	Select	
Space	键入尺寸	Ruler	
T	修剪	Trim Away	
U	直到	Up To	
V	正视对象	Plan View	
X	剖面模式	Section Mode	
Z	缩放视图	Zoom Extents	
←	前一个视图	Previous View	
→	后一个视图	Next View	
+	展开组件		
−	折叠组件		
*	展开所有组件		

2.5.3 组合快捷键

键盘	功能		图标
Alt+F	应用程序菜单	File Menu	
Alt+F4	退出	Exit	
Ctrl+A	全选相同特征	Select All	
Ctrl+B	加粗文本	Bold Text	
Ctrl+C	复制	Copy	
Ctrl+D	分离面	Detach	
Ctrl+F	查找	Search	
Ctrl+F1	隐藏功能区		
Ctrl+F2	打印预览		
Ctrl+F4	关闭设计	Close Document	
Ctrl+F5	重播日志		
Ctrl+G	创建组	Create Group	
Ctrl+H	切换可见性	Hide Object	
Ctrl+I	斜体文本	Italicize Text	

续表

键盘	功能		图标
Ctrl+L	回位到转动中心	Locate Spin Center	
Ctrl+N	新建设计	New Design	📄
Ctrl+O	打开文件	Open	📂
Ctrl+P	打印	Print	🖨
Ctrl+Q	清除转动中心	Clear Spin Center	
Ctrl+S	保存	Save	
Ctrl+T	设置转动中心	Set Spin Center	
Ctrl+Tab	下一个设计窗口	Next Design Window	⬜
Ctrl+U	文本下划线		
Ctrl+V	粘贴	Paste	📋
Ctrl+X	剪切	Cut	✂
Ctrl+Y	恢复	Redo	↻
Ctrl+Z	撤销	Undo	↺
Ctrl+ →	移远草图栅格		⯑
Ctrl+ ←	移近草图栅格		⯑
Ctrl+ +	放大	Zoom In	🔍
Ctrl+ −	缩小	Zoom Out	🔍
Ctrl+Shift+A	激活组件	Activate Object	
Ctrl+Shift+H	改变高亮方案	Highlighting Scheme	
Ctrl+Shift+F	字体		
Ctrl+Shift+P	字体大小		
Ctrl+Shift+S	另存为	Save As	💾
Ctrl+Shift+I	反向选择	Invert Selection	
Ctrl+Shift+Tab	上一个设计窗口	Previous Design Window	
Ctrl+Alt+Shift+R	显示渲染器窗口	Show Renderer Menu	DirectX11 ▾

2.5.4 自定义快捷键

用户也可以通过⚙SpaceClaim 选项自定义快捷方式。

3

当建模变得"直接"——
ANSYS SpaceClaim 建模指南

3.1 引言

SpaceClaim 从无到有的建模主要使用"设计"（Design）选项卡的工具，"详细"（Detail）选项卡和"测量"（Measure）选项卡作为设计辅助工具也会在本章介绍。"设计"选项卡中提供了用于二维、三维草绘和编辑的工具，可以在二维模式中绘制草图，在三维模式中创建和编辑实体，并创建装配关系。"详细"选项卡可以为设计添加注释、创建图纸和查看设计更改。"测量"选项卡可以提取模型的几何信息和物理数据。

"设计"选项卡分为以下几个功能区：

剪贴板：✂剪切、📋复制和📋粘贴对象。

定向：在设计过程中可以使用🏠回位、🪐转动、✋平移和🔍缩放等工具调整视角。

草图：创建草图工具和编辑草图工具。

模式：在📐草图模式、🔲剖面模式和📦三维模式之间进行切换。

编辑：创建和编辑三维模型的工具。

相交：组合或拆分体或表面。

创建：创建口平面、↖轴、↙局部坐标系等辅助设计的工具。

装配体：创建组件之间的装配关系。

3.2　视图模式

在创建或编辑设计的过程中可以使用三种视图模式，三种视图模式可以随时互相切换。

草图模式（Sketch Mode）：可以显示草图栅格，以便在二维模式中使用草图工具绘制草图，快捷键为 K，详见 3.3.2.1 节。

剖面模式（Section Mode）：可以在贯穿整个模型的任意横截面上使用所有草图工具创建和编辑横截面中的实体和曲面，也可以通过操作横截面的边和顶点来编辑实体或曲面，快捷键为 X，详见 4.3.1.2 节。

三维模式（3D Mode）：可以直接处理三维空间中的对象，快捷键为 D。

3.3　建模

建模主要使用"设计"选项卡中"编辑"（Edit）功能区的工具。

选择（Select）：鼠标左键选中设计中的二维或三维对象进行编辑。可以在三维模式下选择顶点、边、轴、表面、曲面、实体和组件，可以在二维模式下鼠标左键拖曳点和线直接编辑，也可以使用此工具来更改对象属性。选择模式有很多，与状态栏中的□▴选择模式互补，快捷键为 S，详见 3.3.1 节。

拉动（Pull）：可以偏置、拉伸、旋转、扫掠、拔模和过渡表面与实体，并且可以将边转化为圆角或倒角，快捷键为 P，详见 3.3.3 节。

移动（Move）：可以移动结构树中的零件或特征，如点、线、梁、表面、面、实体、组件、平面、局部坐标系等。如果选择一个表面，则可以拉动此表面或生成拔模面；如果选择一个完整实体或曲面，则可以进行旋转或平移，快捷键为 M，详见 3.3.4 节。

填充（Fill）：可以使用周围的曲面或实体填充所选区域，快捷键为 F，详见 4.3.4.2 节。

融合（Blend）：能够将两个或多个表面创建过渡实体，详见 4.3.8.3 节。

调整面（Tweak Face）：显示"曲面编辑"选项卡，通过移动控制线或点对曲面进行造型，详见 3.3.6 节。

3.3.1 选择

SpaceClaim 提供丰富的选择方式便于用户快速选择关心的对象。选择工具（Select）是选择对象的主要工具，"选择"面板或"辐射"面板可以补充选择，具体规则和要求如下：

（1）使用范围广：可以在结构树中直接选择对象，也可以在"设计"窗口中的多种模式下选择对象，如可以选择三维模式的顶点、边、平面、轴、表面、曲面、圆角、实体和部件等，也可以选择草图模式或剖面模式的点、边中点、线中点、圆心、椭圆圆心、直线、样条线和样条曲线的中点与端点等。

（2）选择工具方式很丰富：包括鼠标左键单击以选择高亮显示的对象；鼠标左键双击以选择环边，再次双击以循环选择下一组环边；鼠标左键三连击以选择零件；Shift+鼠标滚轮滚动选择被遮挡对象；Ctrl+鼠标左键单击和 Shift+鼠标左键单击以添加或删除项目；Alt+鼠标左键单击以创建次要辅助集合。

鼠标左键操作	选择结果
单击面选择一个面	
双击面选择环面	
三连击选择实体或壳	
单击边选择一条边	

续表

鼠标左键操作	选择结果
双击边选择环边	

（3）可以激活状态栏中 ⬚ 选择模式的箭头来切换以下选择模式：

⬚ 框选：在"设计"窗口中鼠标左键拖曳绘制选框。如果选框是从左到右，则框内所有的对象都会被选中；如果选框是从右到左，则与选框有接触的所有对象都会被选中。

🔎 套索：鼠标左键拖曳绘制任意形状图案，封闭图案内的所有对象都将被选中。

🖌 油漆：鼠标左键拖曳，光标经过的边和面被选中，放开鼠标左键完成选择。

（4）可以通过"设计"窗口中的显示方案以区别相似对象：显示方案包括光标停留在对象处、鼠标左键选中对象和将光标停留并选中对象三种情况，如下表所示。

对象	光标停留	鼠标选中	选中并停留
梁			
线			
边			

📖 Shift+鼠标滚轮滚动可以切换同一位置的线与梁、边与梁。

（5）可以使用"选择"面板批量筛选与当前选定的对象相似或相关的对象，参照 2.4.3 节。

（6）可以使用"辐射"菜单进行简单的选择和切换，快捷键为 O。具体操作步骤如下：

1）鼠标左键按住+鼠标右键单击显示"辐射"菜单，快捷键为 O。选择不同的对象，"辐射"菜单显示的功能不同。

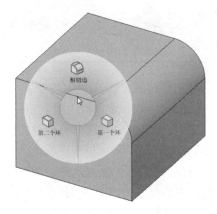

2）（可选）鼠标左键单击"辐射"菜单中心，可以在选择模式和工具之间切换。激活工具会用橙色高亮显示。

3）鼠标左键单击其中一个选择模式或工具来激活。

4）可以单击"辐射"菜单之外的空白处或按 Esc 键退出"辐射"菜单。

  📖 如果已经激活其他工具，按 Esc 键可以回到 ↖ 选择工具。

3.3.2 草图

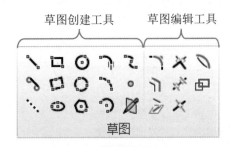

"草图"（Sketch）功能区包括两部分：草图创建工具和草图编辑工具。可以使用草图创建工具绘制 ↘直线、↖切线、↖参考线、▢矩形、▱三点矩形、⬭椭圆、◉圆、◯三点圆、◎多边形、⌒相切弧、⌒三点弧、⌒扫掠弧、↝样条曲线、•草图点和⊘表面曲线。草图编辑工具可以用于更改已创建的草图，如分割、剪裁和偏置直线，创建角和圆角。 投影到草图按钮可以通过将三维实体的边投影到草图栅格上来创建草图直线。

📖 Σ方程工具为 ANSYS 17.2 版本新增，可以基于已有或自定义的几何方程，通过编辑变量创建高级曲线。

可选函数类型包括：

Sine Wave		Involute of Circle	
Cosine Wave		Lemniscate（Bernoulli）	
Archimedes Spiral		Limaçon	
Catenary		Lissajous	
Epicycloid		Logarithmic Spiral	

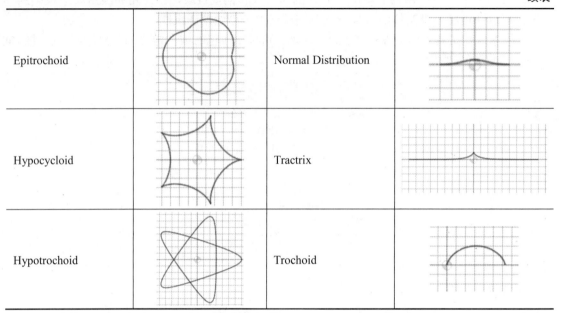

Epitrochoid		Normal Distribution	
Hypocycloid		Tractrix	
Hypotrochoid		Trochoid	

📖 ANSYS 17.2 版本新增"插入"选项卡"主体"功能区中的 Σ 方程工具可以创建三维曲面。

3.3.2.1 草图模式

创建草图只需激活任意草图工具，将光标悬停在"设计"窗口内的几何特征上预览并确定草图栅格即可。

🖊草图模式下的封闭线切换到🔲三维模式将转为面。未用于生成实体的草绘区域仍可被分解为草图进行编辑。如果不需要从草图的封闭线直接生成面，可以使用布局曲线（Layout）。

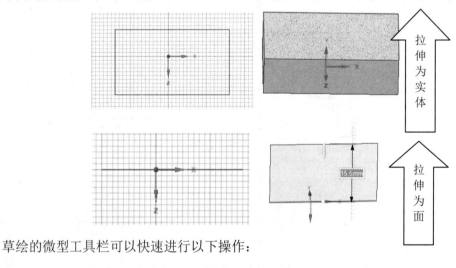

草绘的微型工具栏可以快速进行以下操作：

🔲返回三维模式：可以切换到三维模式，封闭的环将形成曲面。

选择新的草图平面：可以选择一个新的表面并在其上进行草绘。

移动栅格：可以使用移动手柄来移动或旋转当前草图栅格。

平面图：可以显示草图栅格的主视图，可以实现草图栅格与屏幕平行，即定向功能区的平面图工具，快捷键为 V。

创建草图的具体操作步骤如下：

（1）激活"设计"选项卡"模式"功能区中的草图模式，快捷键为 K。

（2）选择要草绘的位置。将鼠标置于设计中的平面上，预览草图栅格的位置和方向。如果之前已经选择几何特征，则草图栅格将置于该特征上。

（3）（可选）移动或旋转草图栅格。单击微型工具栏中的移动栅格按钮，使用移动手柄来移动或旋转草图栅格。

（4）（可选）在微型工具栏中单击选择新草图平面，或者鼠标右键单击并从弹出菜单中单击"选择新草图平面"选项。

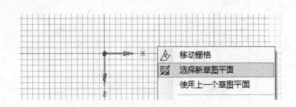

（5）从"草图"功能区中选择任意草图工具进行草图绘制。

（6）按 Esc 键完成草绘。

在光标移动的过程中，当其平行于某条边或垂直于某个端点时，"设计"窗口中会显示辅助虚线。对于特定的绘图工具，可以显示相切、直线中点、直线端点、正方形和黄金矩形等指示图标。

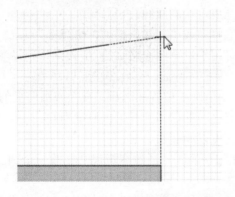

使用草图工具进行草绘时可以键入尺寸。草绘时同时按 Shift 键和鼠标左键单击绘制可以临时关闭对齐。在某些工具中，可以在参考点处按 Shift 键以给出该点到光标之间的距离尺寸。例如，下图创建完成一个矩形后，下一个草绘的起始点可以通过按 Shift 键来确定与上一个草绘的间距。横向和垂向的间距键入通过 Tab 键切换，完成后按 Enter 键即可。Ctrl+鼠标左键单击并拖曳可以复制选择的对象。

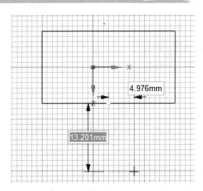

    📖 将光标悬停在草图栅格上时，光标所对齐到的点取决于对齐选项。"对齐到栅格"选项位于 SpaceClaim 界面的左侧中部区域，如下图所示。

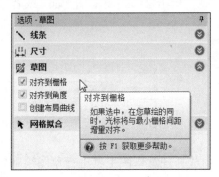

3.3.2.2 草绘创建工具

📝直线（Line）：可用于在二维模式下草绘直线。直线可以通过鼠标右键单击将直线设置为参考线或者镜像线。创建直线的具体操作步骤如下：

（1）激活"设计"选项卡"草图"功能区中的📝直线工具，快捷键为 L。

（2）鼠标左键单击并拖曳可绘制直线。

（3）鼠标右键单击并选择完成"创建"选项，快捷键为 Esc。

⬜矩形（Rectangle）：可用于沿草图栅格轴的方向绘制矩形，鼠标左键单击并拖曳以绘制矩形。

◉圆（Circle）：用于在知道圆心位置和半径、直径或圆周上的一点时草绘一个圆。

（1）激活"草图"功能区中的◉圆工具，快捷键为 C。

（2）鼠标左键单击并拖曳以绘制圆。

    📖 如果草绘两个彼此相切的圆，通过编辑尺寸更改一个圆的直径，仍会保持与另一个圆的相切关系。

↱相切弧（Tangent Arc）：可用于草绘与设计中的任何单条曲线或直线相切的弧。将光标停留在草图栅格上以高亮显示曲线和直线。如果该草图中没有曲线或直线，则无法使用此工具，必须添加一条曲线或直线或者移动栅格才能创建相切弧。通常此操作施加于直线、弧或样条曲线的端点处，但也可以在直线的内点上进行。不能将终点放在起点上以创建封闭圆，也不能在起点所在的同一条直线上结束该弧。

↲样条曲线（Spline）：可用于在二维模式下草绘样条曲线。样条曲线是没有尖锐边界（即没有顶点）的连续曲线。当使用🖌拉动工具将草图拉成三维结构时，样条曲线可以拉伸为曲面。创建闭合的样条曲线：绘制样条曲线时，将其结束于起点处；编辑样条曲线时，将一个端点拖曳到另一个端点上。一旦创建闭合的样条曲线，就无法将其编辑为开放的样条曲线。

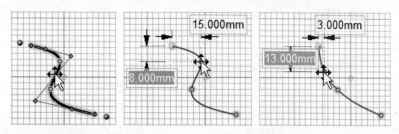

在三维模式下沿样条曲线扫掠可以创建平滑的曲线形状。

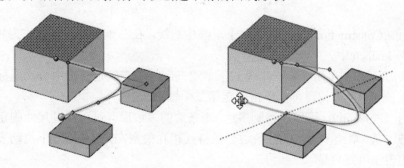

　　切线（Tangent Line）：可用于草绘与设计中的任何曲线相切的直线。当光标停留在曲线上时，曲线将高亮显示，且光标位置将出现相切指示图标。如果设计中没有曲线，则无法使用此工具，必须添加一条曲线才能创建切线。

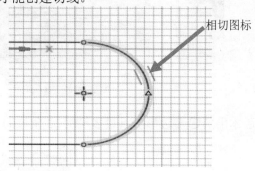

　　三点矩形（Three-Point Rectangle）：可用于在二维模式下快速草绘任何角度的矩形。鼠标左键单击并拖曳以绘制第一条边，然后单击确定第二条边的长度。

　　三点圆（Three-Point Circle）：可用于在不知道圆心位置但知道圆周位置时生成圆。此工具可以使用临时点、已知点或相切对象的任意组合三个点来确定圆。如果单击一条曲线或直线，则会将圆绘制为与该曲线或直线相切，除非单击的是中点或顶点。当将光标停留在草图栅格上时，如果没有出现圆，则表示当前光标位置和前面的两点无法处于同一个圆上。

　　三点弧（Three-Point Arc）：可用于通过指定起点、终点和半径（或弦角）来创建弧。

　　草图点（Point）：可用于在草图模式下草绘点，可导入 ANSYS Workbench 中作为工作点（Work Point），详见 4.3.2.1 节。点可以用作尺寸参考，从而进行分割操作，或者在直线或曲线上创建点以绘制三点圆。在两点之间的中点处插入点的具体操作步骤如下：

（1）激活"设计"选项卡"草图"功能区中的 ⊙ 点工具。

（2）Alt+Shift+鼠标左键单击两点，在中点处创建可被选择的临时点。

（3）鼠标左键单击临时点完成创建。

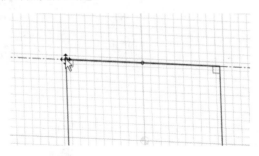

⋰参考线（Construction Line）：可用于草绘构造线，在三维模式下可以作为轴，不会导入到 ANSYS Workbench 中。

⊙椭圆（Ellipse）：可用于在二维模式下草绘椭圆。单击确定椭圆中心，鼠标左键单击确定第一个轴总长和角度方位，再次单击确定第二个轴总长。

⊙多边形（Polygon）：可用于绘制多达 64 条边的多边形。可以通过尺寸确定轴的位置、半径长度和方位角。草绘多边形的各条边会保持其相互关系。在三维模式下拉动多边形时具有多边形关系的表面用蓝色显示。

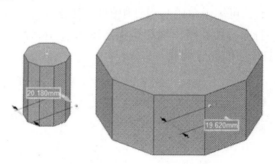

📖 ANSYS 16.0 版本中的⊙多边形工具最多绘制 32 条边的多边形。

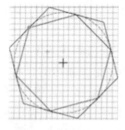 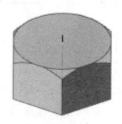

🗝扫掠弧（Sweep Arc）：用于使用已知的中心和端点来创建弧。创建弧时不考虑相切关系。当使用拉动工具将草图拉成三维结构时，该弧将变为边。具体操作步骤如下：

（1）激活"设计"选项卡"草图"功能区中的🗝扫掠弧工具。

（2）鼠标左键单击确定扫掠弧的圆心。

（3）鼠标左键单击确定半径。

（4）键入角度或按 Tab 键编辑半径。

☑表面曲线（Face Curve）：可以在三维对象的表面上绘制样条曲线，这些曲线将沿着表面的轮廓生成。所生成的曲线可以像其他的边或曲线一样用来压印对象。

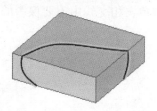

具体操作步骤如下：

（1）激活"设计"选项卡"草图"功能区中的☑表面曲线工具。

（2）在三维对象的面或边上鼠标左键单击生成点来绘制样条曲线。样条曲线可以在一个或多个面上绘制，但只能在一个三维对象上绘制。

（3）鼠标左键双击结束曲线创建，或者鼠标左键单击起点闭合曲线，或者鼠标右键单击并在弹出菜单中选择完成曲线。由于是在编辑模式下，因此可以改变所创建的曲线。直到完成表面曲线操作，生成的曲线才会被应用到设计中。

（4）（可选）鼠标右键单击曲线上的某个位置，选择"添加表面曲线点"添加控制点。

（5）（可选）鼠标右键单击一个控制点，选择"删除表面曲线点"来删除控制点。

（6）（可选）鼠标左键拖曳样条点改变曲线。

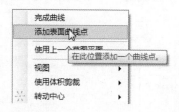

（7）（可选）设置"属性"面板中的周期：

● 是：曲线的开始点和结束点相切，将创建一个封闭的曲线。

● 否：曲线的开始点和结束点不相切，曲线不封闭。

（8）单击☑完成面曲线或使用完成向导创建压印。

（9）（可选）使用🖱拉动工具编辑压印。

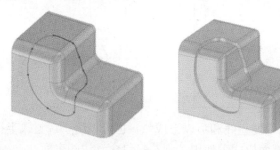

3.3.2.3 草绘编辑工具

⌐创建圆角（Create Rounded Corner）：可用于剪裁或连接两个相交的直线或弧并在其相交处形成一个切弧。鼠标左键单击一条与该直线相交的直线可以修剪直线，与该直线不相交的直线可以连接直线。可以通过在该相交线上移动光标位置确定相切弧的半径，也可以通过键入直径值来确定圆角尺寸。

如果直线相交，可以鼠标左键单击相交线中需要保留的部分。

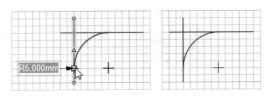

如果直线不相交，可以鼠标左键单击直线的任何位置以延伸直线从而形成圆角，圆始终不会被剪裁。

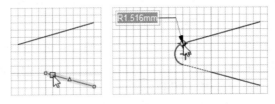

   📖 可以在"选项"面板中激活"倒角模式"选项以创建倒角。

   ✘创建角（Create Corner）：可用于剪裁或延伸两个直线或弧线并在其相交处形成一个角。鼠标左键单击要使用角连接的两条直线之一，与该直线相交的直线可剪裁直线，与该直线不相交的直线可延伸直线。

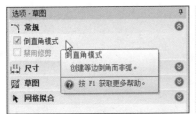 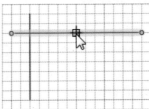 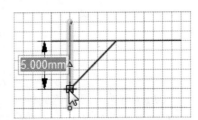

如果两条弧线相交，则第二条弧线会修剪第一条弧线。如果激活"选项"面板中的"仅一侧"选项，则会延伸第一条直线而不是第二条直线。

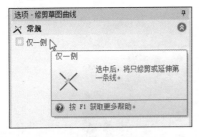 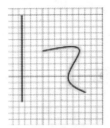 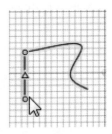

   ✎弯曲（Bend）：可以弯曲直线和边以形成弧，也可以用于调整弧半径和弧边，鼠标左键拖曳线或边即可。如果在剖面模式下使用，则选择包含该边的表面。

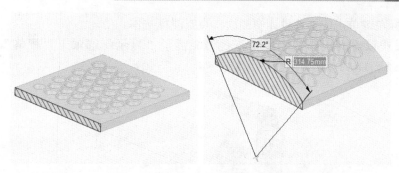

偏移曲线（Offset Curve）：可用于在草图模式下为任何直线创建偏置关系，鼠标左键选择线即可创建偏置。提供了以下选项：

- 夹角封闭：用夹角封闭相交的位移线。
- 弧线封闭：用弧线封闭相交的位移线。
- 自然封闭：用曲线封闭相交的位移线。
- 双向偏移：在所选线的两侧同时创建两条偏移线。

下图中由上至下依次显示：夹角封闭、弧线封闭、自然封闭和被偏置的线。

剪掉（Trim Away）：可用于删除相交直线的任何部分，具体操作步骤如下：

（1）在"草图"功能区中选择剪掉工具，快捷键为 T。

（2）将鼠标置于一条直线上以预览将要去除的部分，单击以删除高亮显示的直线片段。

（3）单击的直线段部分将被删除，直至该直线与其他任何二维直线或实体边的交点。

缩放（Scale）：可用于缩放二维对象，适用于草图模式或剖面模式。与三维模式下拉动工具的缩放向导对应。

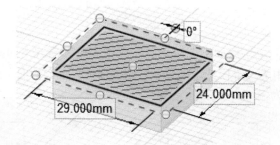

投影到草图（Project to Sketch）：可用于将边、顶点或注释文本复制为二维直线和点，具体操作步骤如下：

（1）鼠标左键选择一个表面以将其投影到草图栅格上。

（2）鼠标左键单击或框选设计中的边、点或注释文本。

📖　如果难以看到投影线，应检查是否激活了"显示"选项卡"栅格"功能区中的

☑ 消隐栅格下方的场景 。

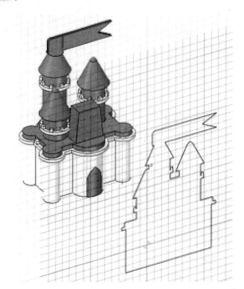

✈拆分曲线（Split Curve）：可用于通过另一条线或点来分割直线。分割后的直线线段可以独立进行编辑。

3.3.2.4　布局

当不需要从📋草图模式的封闭线生成面时，在"选项"面板中激活"创建布局曲线"即可。

布局和草图的区别简单示意如下图所示。左图中为草图模式下的显示：圆为布局曲线，矩形为草绘曲线；右图中为三维模式下的显示：圆为曲线，矩形为面。拉伸后圆将被拉伸为圆柱面，而矩形将被拉伸为三维实体。

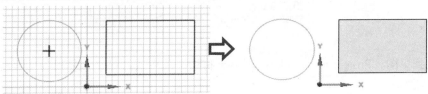

3.3.3 拉动

"设计"选项卡"编辑"功能区中的 拉动工具可以将点拉成线，线拉成面，面拉成实体。可以偏移、拉伸、旋转、扫掠、拔模、缩放和过渡面或实体，将边转化为圆角、倒角或拉伸边，快捷键为 P。创建和编辑对象通用的操作步骤如下：

（1）激活"设计"选项卡"编辑"功能区中的 拉动工具。

（2）选择要拉动的面、边或点。

（3）使用 方向向导更改方向，或者使用 Alt+鼠标左键点选线、边、轴或平面设置拉动的方向。

　　📖 拉动一个面时拉动的方向默认为面的法向，即使是曲面。

（4）向拉动箭头的方向拖曳。

（5）（可选）空格键确定尺寸栏，键入拉动尺寸。

（6）Esc 键完成拉动。

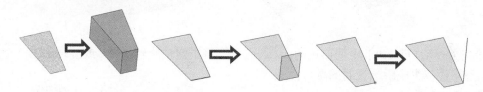

　　📖 拉动工具会保持已有的偏置、镜像、阵列或同轴等隐藏约束条件。

3.3.3.1 向导

激活 拉动工具，在"设计"窗口的左侧将出现工具向导，其功能及用途如下：

选择（Select）：默认情况下处于激活状态。可以执行选择任务以及创建偏置和圆角。选择一个表面、平行面或曲面边以进行偏置，选择一个实体边并将其变成圆角。Alt+鼠标左键单击以选择驱动表面或驱动边进行旋转、定向拉伸、扫掠和拔模，Alt+双击一条边以选择环边，Alt+再次双击以循环选择各种环边。可以选择跨多个组件的对象进行拉动。

方向（Pull Direction）：以选择直线、边、轴、参考坐标系轴、平面或面来设置拉动方向，可以直接使用快捷键 Alt+鼠标左键单击。

旋转（Revolve）：用来选择要绕其旋转的直线、边或轴，可以直接使用快捷键 Alt+鼠标左键单击。

脱模斜度（Draft）：用来选择要绕同一实体中相邻表面旋转的平面、面或边，这些相邻的表面不能与其要绕着旋转的面或边平行，可以直接使用快捷键 Alt+鼠标左键单击。

扫掠（Sweep）：选择要沿其扫掠的直线、曲线或边。可以扫掠表面和边，注意扫掠路径不能与表面位于同一平面中，可以直接使用快捷键 Alt+鼠标左键单击。

缩放（Scale Body）：用来缩放实体和曲面。可以同时缩放不同组件中的多个对象。

直到（Up To）：可以实现被拉动的特征与所指定目标对象的特征配合或延伸到通过目标对象的平面，快捷键为 U。

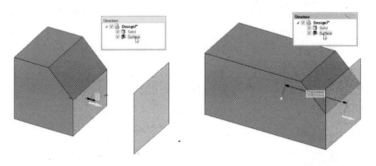

完全拉动（Full Pull）：使已选的面、边或点绕着指定轴旋转 360°或旋转到下一个表面、扫掠完整路径或生成所选表面的融合面或实体。

3.3.3.2 选项

一旦选择要拉动的边或表面，则可以从"选项"面板中选择扩展拉动功能的选项，也可以从微型工具栏中进行选择。拉动工具提供了以下选项：

添加（Add）：仅能添加材料。如果向负方向拉动，则不会发生更改。可以将此选项与其他选项结合使用。

去除（Cut）：仅能删除材料。如果向正方向拉动，则不会发生更改。可以将此选项与其他选项结合使用。

不合并（No Merge）：可以实现新拉动生成的对象与已有对象不进行合并。

双向拉动（Pull Both Sides）：可以实现同时向该边或曲面的两侧方向拉动。

测量和 质量属性与"测量"选项卡"检查"功能区中的工具一致，参见 3.8.1 节。

刻度尺（Ruler）：可以设置拉动特征与参考几何特征之间的距离，按 Esc 键取消尺寸。

圆角（Round）：可以将边创建为倒圆角。

倒角（Chamfer）：可以将边创建为倒角。

拉伸边（Extrude Edge）：可以拉伸边到曲面。

复制边（Copy Edge）：可以创建边的副本。

旋转边（Pivot Edge）：可以沿着所选的拉动箭头绕轴旋转边。

保持偏移（Maintain Offset）：可以在拉动时打开或关闭偏置的约束关系，详见 3.5.7 节。

3.3.3.3 拉伸面

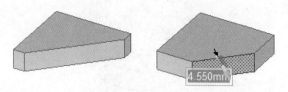

（1）确保<拉动工具的选择向导处于激活状态，选择要拉伸的表面或曲面。

（2）（可选）Ctrl+鼠标左键点选或框选拉伸面的边。

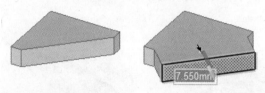

（3）（可选）使用方向向导或者直接使用快捷键 Alt+鼠标左键点选直线、轴或边，确定拉动方向显示为蓝色。

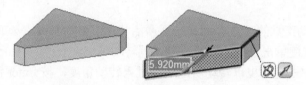

（4）鼠标左键单击并拖曳面。

（5）（可选）激活刻度尺选项，鼠标左键点选拉伸尺寸的参考对象，键入拉动的距离。

（6）（可选）使用直到向导，鼠标左键点选目标对象。

（7）（可选）Ctrl+鼠标左键拖曳面复制此面并偏置。

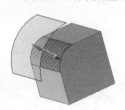

（8）按 Esc 键完成拉动操作，返回选择工具。

3.3.3.4 转动面

拉动工具的旋转向导可以转动面成实体，也可以将实体的边、面的边或线转动成面，具体操作步骤如下：

（1）确保拉动工具的选择向导工具处于激活状态，鼠标左键点选或框选要转动的表面或曲面。

（2）使用旋转向导或者直接使用 Alt+鼠标左键单击直线、轴或边以设置转动轴。转动轴显示为蓝色。

（3）鼠标左键拖曳以转动所选对象，键入转动角度，按 Enter 键完成操作。

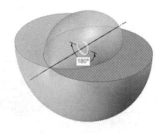

（4）（可选）使用 🔧 直到向导，鼠标左键单击选择目标对象。

（5）激活 ▶ 完全拉动向导以完成转动。

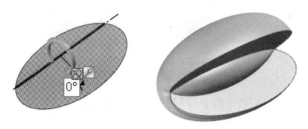

3.3.3.5　转动边

（1）确保 ✏ 拉动工具的 � 选择向导处于激活状态，鼠标左键点选或框选要转动的边。

（2）Alt+鼠标左键单击直线、轴或边以设置转动轴。

（3）鼠标左键单击并拖曳以转动所选边，键入转动角度，按 Enter 键完成操作。

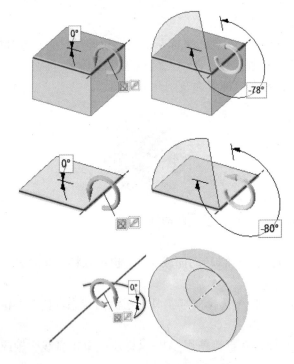

  📖　SpaceClaim 允许旋转平面和非平面的边与表面绕不在这些平面上的直线转动。

3.3.3.6 拔模表面

使用拉动工具可以绕另一个表面或曲面来拔模面，拔模面可以是不相邻的。

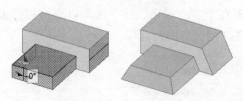

具体操作步骤如下：

（1）确保拉动工具的选择向导处于激活状态，鼠标左键点选或框选要拔模的表面或相邻表面。

（2）使用脱模斜度向导或者直接使用 Alt+鼠标左键单击要拔模的表面（包括圆角）或曲面。拔模面或曲面显示为蓝色。

（3）（可选）从"选项"面板中选择选项或者右键单击并从微型工具栏中选择"双侧拔模"可以实现在参考面以及所选表面的相反方向绕轴旋转表面。

（4）鼠标左键单击并拖曳以拔模，键入旋转角度，按 Enter 键完成操作。

示例：绕样条曲面进行拔模。

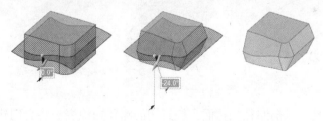

示例：偏置面拔模。

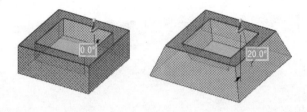

3.3.3.7 扫掠面

（1）使用拉动工具的选择向导，鼠标左键点选或者直接使用 Ctrl+鼠标左键多选要扫掠的面。

（2）使用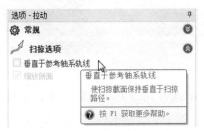扫掠向导或者直接使用 Alt+鼠标左键单击要沿其扫掠的线或边，扫掠路径显示为蓝色。鼠标左键双击可以选择环边为扫掠路径，Ctrl+鼠标左键单击可以添加相连路径。

（3）（可选）激活"垂直于参考轴系轨线"选项以保持扫掠面与扫掠路径垂直。如果扫掠路径与要扫掠的表面垂直，则已启用此选项。

（4）鼠标左键单击并拖曳以扫掠所选对象，或者从"选项"面板或微型工具栏中选择 完全拉动工具以扫掠路径的整个长度。如果选择 完全拉动并且被扫掠的面位于路径中间，则将从两个方向扫掠。

（5）（可选）使用 直到向导，鼠标左键单击结束扫掠的表面或曲面。

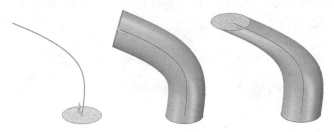

使用 拉动工具可以沿路径扫掠面。绕封闭的路径扫掠表面将会创建一个环体。
示例：绕轴扫掠的六边形。

示例：六边形扫掠路径。

3.3.3.8　螺旋面

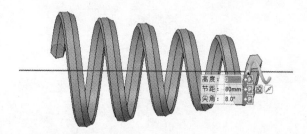

使用拉动工具可以生成螺旋体，具体操作步骤如下：

（1）确保 ✐ 拉动工具的 ⬚ 选择向导处于激活状态，鼠标左键点选或框选螺旋面。Ctrl+鼠标左键单击可以选择多个螺旋面。

（2）使用"选项"面板或鼠标右键单击浮出的微型工具栏中的 ⊗ 旋转向导，鼠标左键单击要绕其旋转的轴。

（3）通过激活或取消"选项"面板中的右螺旋选项可以设置螺旋的属性。

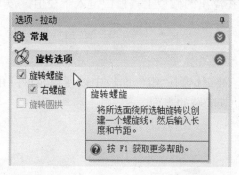

（4）按 Tab 键切换并键入螺旋参数。节距（Pitch）是每旋转 360°螺旋面移动的量，尖角（Taper）是螺旋的锥度。

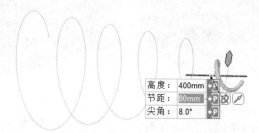

📖　ANSYS 17.0 版本之后，激活"选项"面板中的 ✗ 双向拉动选项可以向两侧创建对称的螺旋体。

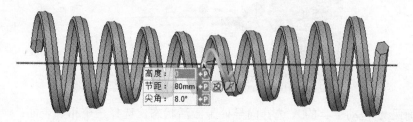

3.3.3.9 圆角

可以通过选择拉动工具的圆角选项对任意实体的边进行倒圆角。外角生成外圆角，内角生成内圆角。一旦创建了圆角，则拉动相邻面时也会拉动该圆角。具体操作步骤如下：

（1）确保 ✐ 拉动工具的 ▶ 选择向导处于激活状态，鼠标左键单击选择一条或多条实体边，或者双击选择环边。

（2）激活"选项"面板或微型工具栏中的 圆角选项。

（3）单击并向拉动箭头的方向拖曳边。

（4）鼠标右键单击并在浮出的微型工具栏中键入半径值，按 Enter 键完成操作。

📖 圆角隐藏的表面已被记忆到"组"面板中以便填充该圆角时可以显示。如果移动一个圆角，也会移动其隐藏的表面。

📖 注意创建顺序。

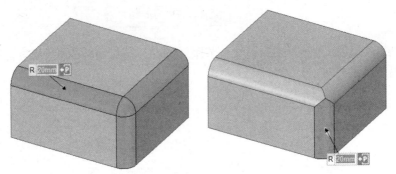

3.3.3.10 全圆角

选择共享一个表面的两条边，拉动直到相交以创建一个全圆角，也可以通过选择表面创建全圆角。具体操作步骤如下：

（1）确保 ✐ 拉动工具的 ▶ 选择向导处于激活状态，选择三个相邻表面：一个表面将变

成全圆角，而另外两个表面将与该全圆角共享边。

（2）鼠标右键单击并从弹出菜单中选择"全圆角"选项。

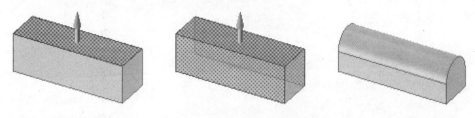

3.3.3.11　变半径圆角

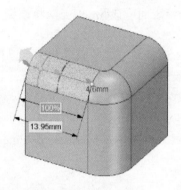

（1）确保 ✐ 拉动工具的 ▸ 选择向导处于激活状态。

（2）鼠标右键单击并从弹出菜单中选择"作为可变半径圆角来编辑"选项。

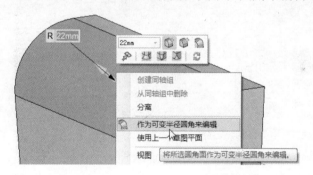

（3）鼠标左键单击并拖曳圆角面末端的拉动箭头调整圆角边处的半径。

（4）鼠标左键单击指向表面中心的拉动箭头并将其沿表面拖曳（或者键入长度或百分比）以设置另一点，以便从该点调整圆角的半径。

📖　通过选择两个倒圆面形成的共享尖角边进行修改可以同时改变共享一条边的两个相交倒圆，两个倒圆在该点均可变。通过选择圆角不共享的锐角尾边可以分别改变两个圆角。

3.3.3.12 倒角

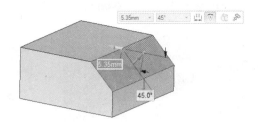

可以通过选择✍拉动工具的🗔倒角选项对实体边创建倒角。在倒角的面添加一个孔后，该面不再是倒角。仍然可以拉动该表面或该孔，但无法将该倒角更改为圆角或确定该倒角的尺寸。具体操作步骤如下：

（1）确保✍拉动工具的🖰选择向导处于激活状态，鼠标左键点选或框选要转成倒角的实体边，或者鼠标左键双击选择表面环边。

（2）激活"选项"面板或微型工具栏中的🗔倒角选项。

（3）鼠标左键单击并拖曳以创建倒角。

（4）键入缩进距离或者在拉动时键入缩进距离，按 Enter 键完成操作。

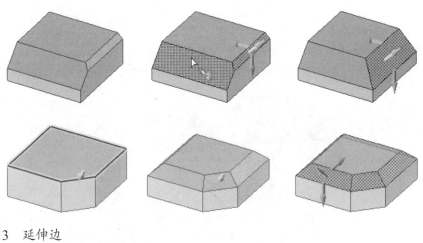

3.3.3.13 延伸边

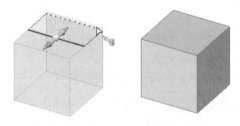

✍拉动工具可以延伸或拉伸任何曲面的边。当延伸边时，拉动会延伸相邻的面而不创建新边。如果曲面的边拉动到另一个对象后可以围成一个封闭的体，则拉伸操作会自动生成实体。具体操作步骤如下：

（1）确保✍拉动工具的🖰选择向导处于激活状态，鼠标左键点选或框选曲面的边或者鼠标左键双击选择曲面的环边。Ctrl+鼠标左键点选可以添加边。

（2）鼠标左键单击拉动箭头沿曲面方向延伸边，或者按 Tab 键或单击其他拉动箭头以拉伸另一个方向的边。曲面边的默认方向位于面内。

（3）（可选）Ctrl+鼠标左键单击一条或两条相邻边的顶点以忽略其影响。

（4）鼠标左键单击并拖曳以延伸边，或者创建与原来的曲面垂直的新曲面。

（5）（可选）使用 直到向导，鼠标左键单击结束延伸的表面或曲面。如果表面或曲面与拉动的边不相交，则该边将拉动至与所选对象平行。

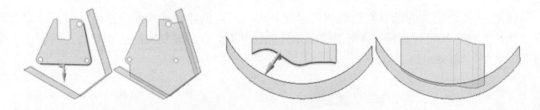

（6）要设定拉伸的尺寸，键入要拉动的距离并按 Enter 键完成操作。

可以应用于壳的延伸。

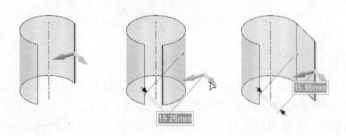

3.3.3.14　突出边

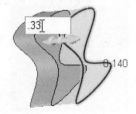

可以通过选择 拉动工具的 突出边选项拉伸实体的边，也可以拉伸或延伸曲面边，具体操作步骤如下：

（1）确保 拉动工具的 选择向导处于激活状态，鼠标左键点选或框选实体的边。Ctrl+鼠标左键单击可以选择多条边，双击可以选择环边。

（2）激活"选项"面板或鼠标右键单击浮出的微型工具栏中的 突出边选项。拉动箭头会更改以显示可以拉伸边的两个方向，高亮显示的一个箭头表示主方向。

（3）鼠标左键单击箭头或直接使用 Tab 键以更改拉动方向。

（4）鼠标左键单击并拖曳以突出边。

（5）（可选）使用 直到向导，鼠标左键单击结束延伸的表面或曲面。如果表面或曲面与拉动的边不相交，则该边将拉动至与所选对象平行。

（6）要设定拉伸的尺寸，键入要拉动的距离并按 Enter 键完成操作。

3.3.3.15 复制边

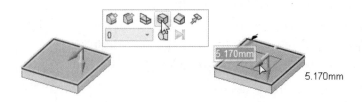

使用 拉动工具的 复制边选项可以复制边。当向创建实体表面内部拉伸时，该边会基于实体的几何形状进行调整；当向创建实体外部拉伸时，会在被复制的边和新边之间创建一个曲面，效果与 突出边类似。

具体操作步骤如下：

（1）确保 拉动工具的 选择向导处于激活状态，鼠标左键点选或框选实体的边。Ctrl+鼠标左键单击可以选择多条边，鼠标左键双击可以选择环边。

（2）激活"选项"面板或鼠标右键单击浮出的微型工具栏中的 复制边选项。拉动箭头会显示可以创建复制边的两个方向，高亮显示的一个箭头表示主方向。

（3）（可选）如果指向要复制边方向的箭头没有高亮显示，则鼠标左键单击该箭头或直接使用 Tab 键更改方向。

（4）鼠标左键单击并拖曳以复制边。拉动过程中会显示被复制的边和新边之间的距离。

3.3.3.16 旋转边

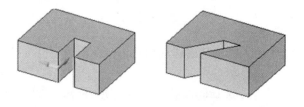

可以使用拉动工具的 旋转边选项旋转任何实体的边，也可以将圆柱体转换为圆锥体，然后鼠标左键单击并拖曳圆柱体的边直到其形成一点。

（1）确保 拉动工具的 选择向导处于激活状态，鼠标左键点选或框选实体的边。Ctrl+鼠标左键单击可以选择多条边，鼠标左键双击可以选择环边。

（2）激活"选项"面板或鼠标右键单击浮出的微型工具栏中的 复制边选项。拉动箭头会显示可以创建复制边的两个方向，高亮显示的一个箭头表示主方向。

（3）（可选）如果指向要复制边方向的箭头没有高亮显示，则鼠标左键单击该箭头或者直接使用 Tab 键更改方向。

（4）鼠标左键单击并拖曳以动态旋转边或者使用空格键并键入拖曳距离，也可以键入表达式计算拖曳距离。

📖 可以在剖面模式下鼠标左键点选顶点键入旋转角度或距离。

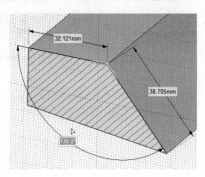

3.3.3.17 缩放体

可以使用 🖌拖动工具来缩放实体和面，可以缩放不同组件中的多个对象，具体操作步骤如下：

（1）确保 🖌拖动工具的 ✥缩放体向导处于激活状态，在结构树中鼠标左键点选或在"设计"窗口中鼠标左键三连击一个或多个实体或面。

（2）在"设计"窗口中鼠标左键单击一个点或顶点以设置缩放锚点。

（3）鼠标左键拖曳以动态缩放或者使用空格键并键入缩放比例，也可以键入表达式来计算缩放系数。

📖 选择实体或曲面，Alt+鼠标左键单击顶点以固定比例，然后拖动。

📖 用此方法可以将现有对象从毫米单位转换为英寸单位，也可以在导入几何之前选好英制单位。

3.3.4 移动

"设计"选项卡"编辑"功能区中的 🖌移动工具可以移动任何对象，包括图纸视图。🖌移动工具的操作结果基于所选内容。如果选择了实体上的一个表面并移动，则实体会向移动方向延伸；如果选择了整个实体或曲面，则可以使用移动工具进行旋转或移动。在草图模式、剖面模式或三维模式下都可以使用，快捷键为 M。

当移动多个表面时，确保选择所有应移动的表面。如果移动失败，移动手柄会重新定位到上一个有效位置和方向。如果尝试移动被圆角面环绕的凸台，则可能需要填充圆角。

可以按 Ctrl 键复制选择移动的对象并将其放在拖曳或设定移动的位置。按 Ctrl+空格键以创建副本并将其放在键入的尺寸处。要设定剖面模式下的移动尺寸，键入移动的长度或旋转的角度（角度可以为正也可以为负）并按 Enter 键。还可以右键单击并从微型工具栏或"选项"面板中选择创建刻度尺，设定沿单击的移动方向的任何参考点的移动尺寸。

可以单击直到向导选项并单击一个表面或平面以移动所选对象，直到移动手柄的中心位于该表面或平面上。此外，还可以使用此向导来旋转实体、表面或曲面，直至与使用直到向导单击的表面平行为止，或者使用它沿着轨线移动到某一点，或者使用 选择工具直接拖曳对象进行移动。

📖 移动工具会保持偏置、镜像和同轴等隐藏的约束条件。

3.3.4.1　向导

激活移动工具，在"设计"窗口的左侧将出现工具向导，其功能及用途如下：

选择（Select）：默认情况下处于激活状态，可以选择需要移动的任何对象，包括面、实体、组件或平面等。

组件（Select Component）：在"设计"窗口中鼠标左键单击零件所属组件的所有对象，也可以在结构树中直接鼠标左键单击零件。

移动方向（Move Direction）：选择点、顶点、线、轴、平面或表面，可以定向移动手柄并设置移动的初始方向，也可以直接使用 Alt+鼠标左键单击。

沿轨线移动（Move Along Trajectory）：选择一组线或边，可以沿该轨线移动所选对象。为达到最佳效果，建议以较小的增量沿轨线移动。如果要移动的对象是一个凸台，则其将被分离，然后重新连接到新位置。当沿轨线移动凸台时，会自动删除圆角。

定位（Anchor）：可以选择将定位移动的表面、边或顶点。可以将移动手柄定位到临时对象，如通过 Alt+Shift+鼠标左键单击两个对象形成两个轴之间的相交。

支点（Fulcrum）：绕其移动其他对象。选择阵列成员进行定位，或者选择组件以分解装配体。

围绕轴运动（Move Radially about Axis）：单击轴可以围绕其移动对象。

直到（Up To）：一旦选择了要移动的对象和移动手柄，使用该向导移动到目标对象。如果选择了移动手柄箭头，则移动仅限于该方向，快捷键为 U。

指向对象（Orient to Object）：一旦选择了要移动的对象和移动手柄轴后，使用该向导单击一个对象，所选对象将移动，直到所选移动手柄轴与单击的对象对齐。也可以在草图模式和剖面模式下使用。

3.3.4.2　选项

移动栅格（Move Grid）：同草图模式的移动栅格一致，可以移动或旋转当前草图栅格。

或刻度尺（Ruler）：依据激活的移动手柄箭头的方向，可以键入所选对象与目标参照物的移动距离或角度。

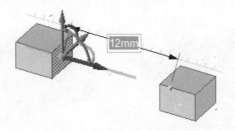

输入坐标：使所选对象移动到指定坐标系下的坐标位置。

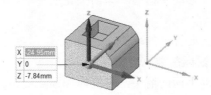

创建阵列（Create Patterns）：激活此选项可以创建阵列关系，详见 3.5.5 节。

保持方向（Remember Orientation）：激活此选项可以在旋转或移动时保持对象的方向。

首先分离（Detach First）：移动前分离凸台，移动后将其连接到新位置。

保持草图连续性（Maintain Sketch Connectivity）：在移动草图时保持直接的连接关系。

3.3.4.3 移动对象

（1）激活"设计"选项卡"编辑"功能区中的 ✏ 移动工具。

（2）选择要移动的对象以显示移动手柄。可以选择多个对象，也可以使用 📋 选择组件向导，鼠标左键单击对象所属的实体或组件。

（3）（可选）从"选项"面板选择选项，或者鼠标右键单击并从微型工具栏中选择。

（4）（可选）鼠标左键单击并拖曳移动手柄的中心点，将其放到任意表面或边。

（5）还可以使用定位向导来选择放置移动手柄的表面、边或顶点。当移动手柄定位后，黄色的中心球会变成蓝色的正方体。

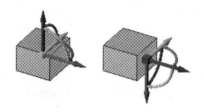

📖 拖曳旋转轴上的一个小球即可重新定向移动手柄。

（6）（可选）激活 ✒ 移动方向向导或者直接使用 Alt+鼠标左键单击一个点或一条线，将移动手柄的 X 轴定向为朝向该点或沿着该线。鼠标左键多次单击将转到移动手柄。

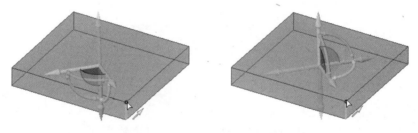

（7）鼠标左键单击并拖曳移动手柄的一个箭头完成移动。

3.3.4.4 旋转实体

（1）鼠标左键双击实体上要旋转的环边。

（2）激活 📦 支点向导，鼠标左键单击顶点。

（3）鼠标左键单击并移动手柄的箭头，将实体绕顶点旋转。

📖 如果 ✏ 移动工具无法在旋转时保持平面或圆柱面，将创建过渡表面。

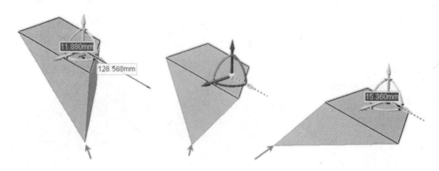

3.3.4.5　分解装配体

（1）确保 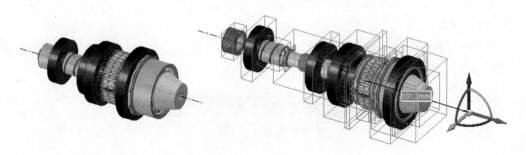 拉动工具的 组件向导处于激活状态，在"设计"窗口中鼠标左键单击要分解的装配体中的一个零件或者在结构树中鼠标左键单击装配体所在组件。

（2）将移动手柄定位在一个组件上。

（3）选择支点向导并单击另一个组件。

（4）选择移动手柄上的轴并拖曳，以在该方向分解装配体。

3.3.5　融合

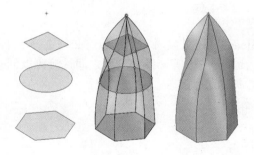

"设计"选项卡"编辑"功能区中的 融合工具可以创建面、线、点之间相互过渡的光滑线、面或体。点之间的融合线与 三维模式下使用 样条曲线工具得到的结果相似。

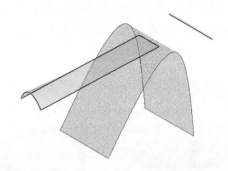

3.3.5.1　向导

选择（Select）：默认情况下处于激活状态，Ctrl+鼠标左键单击依次选择源面及终面。

导轨（Select Guides）：选择边或曲线可以影响融合区域的形状，或者选择过渡面使融合区域与过渡面相切，快捷键为 Alt。

完成（Complete）：创建融合体。

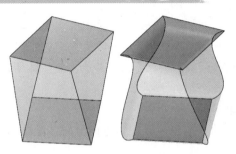

3.3.5.2　选项

旋转过渡（Rotational Blend）：在创建过渡的过程中尽可能地随时创建圆柱体和圆锥体。必须选择绕共同的轴旋转的表面。

周期过渡（Periodic Blend）：在过渡时完全一致。必须选择三个或以上的表面绕共同的轴旋转，还要跨大于 180° 的弧。在三个等半径的圆面之间过渡可以创建一个圆环。

规则线段（Ruled Section）：在过渡面之间创建直边过渡。

本地导轨（Local Guide）：选择的导向曲线或边只会影响导轨附近的过渡形状。

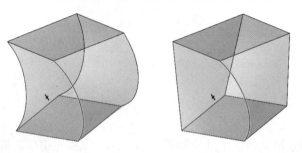

定时导向（Clocked Guide）：导向曲线的排布不再是顶点之间的简单连接，还会考虑到过渡面形状的影响。

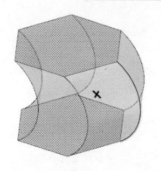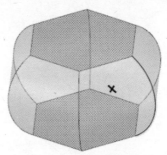

钣金弯曲（Sheet Metal Blend）：强制创建可以钣金展开的过渡面，即零高斯曲率。

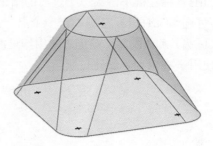

3.3.5.3　面之间进行过渡

（1）确保 融合工具的 选择向导处于激活状态，鼠标左键单击第一个过渡的曲面或表面。

（2）Ctrl+鼠标左键单击第二个过渡的曲面或表面。

（3）（可选）Ctrl+鼠标左键单击多个曲面或表面。

（4）（可选）Alt+鼠标左键单击要用作过渡引导的边或直线。

（5）（可选）从选项面板激活各个选项。

（6）使用 完成向导创建过渡。

3.3.5.4　边之间进行过渡

（1）确保 融合工具的 选择向导处于激活状态，鼠标左键单击第一条过渡的起始边。

（2）Ctrl+鼠标左键单击第二条过渡的结束边。

（3）（可选）Ctrl+鼠标左键单击多条边。

（4）（可选）Alt+鼠标左键单击要用作过渡引导的面、边或线。

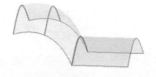

（5）（可选）从选项面板激活本地导轨选项。

（6）使用 完成向导创建过渡。

3.3.5.5　点之间进行过渡

（1）确保 融合工具的 选择向导处于激活状态,鼠标左键单击第一个过渡的起始顶点、端点或空间点。

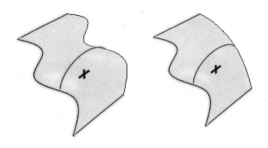

（2）Ctrl+鼠标左键单击第二个过渡的结束点。

（3）（可选）Ctrl+鼠标左键单击多个点。

（4）（可选）Alt+鼠标左键单击要用作过渡引导的面、边或线。

（5）使用✓完成向导创建过渡。

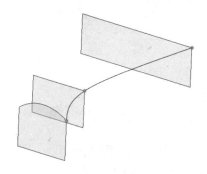

3.3.6　调整面

　　激活⬡调整面工具（Tweak Face）将显示对所选面或曲面编辑的选项卡，可以编辑任何平面或曲面的形状。面的曲度是自动增加的，使被编辑的面始终光滑且无缝。

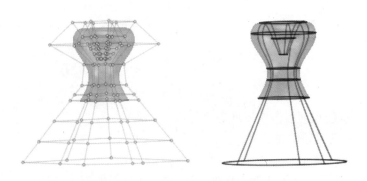

3.3.6.1 工具

控制点（Control Point）：显示平面或曲面的控制点，以便移动它们。

控制曲线（Control Curve）：显示曲面的 UV 控制线，以便移动它们。

过渡曲线（Blend Curve）：编辑面，重新生成融合曲线。

扫掠曲线（Sweep Curve）：编辑面，重新生成扫掠曲线。

选择：选择控制点或控制线，可以直接使用 Ctrl+鼠标左键单击或者鼠标左键框选。

、 (Select Blue Loop)：能够扩展对红（蓝）色相连控制点的选择。

、 (Expand Selection)：能够增加对红（蓝）色控制点的选择。

、 (Reduce Selection)：能够减少对红（蓝）色控制点的选择。

添加控制（Add Control Curve）：可以增加控制点或曲线使面形更复杂。

移动（Move）：对控制点或曲线进行移动，从而实现对面形的调整。

比例（Scale）：同 拉动工具的缩放体积向导一样。

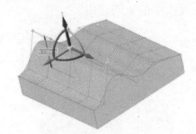

📖 SpaceClaim 进行自相交检查，如果创建一个自相交的表面将收到一个错误信息。

3.3.6.2 曲面造型

具体操作步骤如下：

（1）激活位于"设计"选项卡"编辑"功能区中的 调整面工具（Tweak Face），将出现新的面"编辑"选项卡。

（2）在"编辑方法"功能区中选择对应的调整方式。

（3）使用 选择工具选择面上的控制点或控制曲线。

（4）使用"编辑"功能区中的工具对面形进行调整。

（5）使用"显示"功能区中的工具查看面形的曲率等结果。

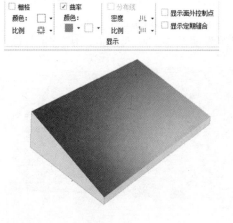

（6）使用 ☒ 关闭曲面工具完成面编辑。

3.3.7　参数化

SpaceClaim 中的参数化可以通过创建组来实现，前提是拉动工具或者移动工具被激活的状态下选择几何的相关尺寸，通过创建组保存为驱动尺寸，以备后续在 ANSYS 中作参数化分析。

3.3.7.1　尺寸参数化

通过 ✎ 拉动工具可以保存距离（偏置）或者半径的驱动尺寸。

（1）鼠标左键单击"编辑"功能区中的 ✎ 拉动工具。

（2）选择作为驱动尺寸的点、边、面或者轴（选择示例中的尺寸标注的一个侧面）。

（3）鼠标左键单击选择微型工具栏或者"选项"面板中的 ⬚ 刻度尺。

（4）选择和上一步所选择的几何面、边、点或者轴对应的几何（选择示例中的尺寸标注的另一个侧面）。

（5）鼠标左键单击"组"面板中的 ⬚ 创建组。

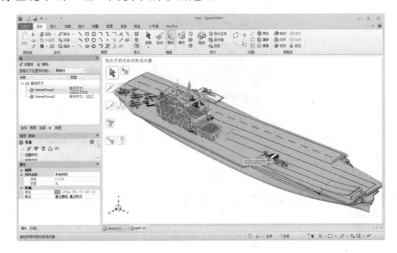

3.3.7.2　位置参数化

通过 ⬚ 移动工具可以保存平移或者旋转的驱动尺寸。

（1）鼠标左键单击"编辑"功能区中的 ⬚ 移动工具。

（2）选择作为驱动尺寸的点、边、面或者轴（选择示例中的尺寸标注的边）。

（3）鼠标左键单击几何上显示坐标的平移方向或者旋转方向，做适当的平移或者旋转。

（4）鼠标左键单击"组"面板中的 ⬚ 创建组，快捷键为 Ctrl+G。

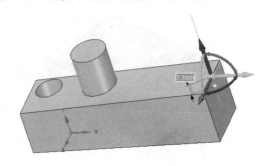

3.3.7.3　参数间函数

拉动或者平移所做的驱动尺寸可以通过菜单栏中的 Excel 表键入适当的函数表达式计算得到新的几何尺寸。

（1）创建驱动尺寸。

（2）选择菜单栏中的 Excel，鼠标左键单击 Create 按钮。

（3）创建好的驱动尺寸以 Excel 表的形式显示。

（4）在 Target Value 一栏直接键入新的尺寸值或者通过表达式计算键入新的尺寸值。

（5）设定完新的尺寸之后，单击 Excel 下的 Update 按钮，然后关闭 Excel 表。

设计1 (Unsaved)			
Group Name	Current Value	Target Value	Units
yuanzhubanjing	5.09	7	mm
NamedGroup1	4	=SC_yuanzhubanjing_target+1	
NamedGroup2	56.85		mm
NamedGroup3	14.41182598		mm
NamedGroup4	4		mm
NamedGroup5	10.98		mm
NamedGroup6	0		°

📖 使用 Excel 功能要确保 ⚙SpaceClaim 选项中"插件"选项下的 Excel Dimension Editor 是激活状态。

3.3.7.4　表达式

SpaceClaim 支持在建模过程中使用表达式来定义尺寸，从而进行精确的建模。使用空格键即可激活尺寸数值，可以键盘键入或粘贴表达式作为尺寸数值，使用 Tab 键切换变量。下面给出表达式的具体规则和要求。

1. 表达式元素

● 前缀（一元）运算符：+、-

● 中缀（二元）运算符：+、-、*、/、^

- 函数：sin、cos、tan、arcsin、arccos、arctan、sqrt、log、log10、exp
- 常数：pi、e、root2、root3
- 单位：m、cm、mm、yd、ft、in、deg、rad

普通优先级规则适用于下式：$1 + 2 * 3 \wedge 4 = 1 + (2 * (3 \wedge 4)) = 163$

2. 表达式括号

表达式自变量需要用括号，简单的自变量则可以不括：

- sqrt 2 = sqrt(2) = 1.4142...
- sqrt 2*2 = (sqrt 2) * 2 = 2.8284...
- sqrt(2*2) = 2

3. 运算符省略

- 1 1/2 = 1 + 1/2
- 1'6" = 1' + 6"
- 1ft 6in − 17in = 1ft + 6in − 17in
- 1 2 3 4 5 = 1 + 2 + 3 + 4 + 5 = 15
- (1)(2)(3)(4)(5) = (1) * (2) * (3) * (4) * (5) = 120
- 2(1 + 2) = 2 * (1 + 2) = 6
- sqrt 2 sqrt 2 = sqrt 2 * sqrt 2 = 2
- 4(4arctan(1/5) − arctan(1/239)) = 4 * (4 * arctan(1/5) − arctan(1/239)) = pi

4. 常量 e

数字支持标准形式，但 e 是内置常量：

- 2e2 = 200   2e2 = 2 * e * 2 = 10.873...
- 2e − 2 = 0.02   2e − 2 = 2 * e − 2 = 3.436...
- 2e1 = 20   2e = 2 * e = 5.436...

5. 单位

若未指定某项的单位，则按从后项到前项的顺序应用单位。如果无法通过此顺序确定单位，则按从前项到后项的顺序应用单位：

- 1 + 1cm = 1cm + 1cm
- 1cm + 1 = 1cm + 1cm
- 1cm + 1 + 1mm = 1cm + 1mm + 1mm
- 1cm + 1 1/2 mm = 1cm + 1mm + 1mm / 2

📖 三角函数默认以弧度为准，也可以键入角度，如 sin(45 deg)

3.4　相交

使用"相交"（Intersect）功能区可以合并和拆分体或面。这些操作也被称为布尔操作，包含以下工具：

📦组合（Combine）：可以合并或切割实体及曲面，也可以压印相交区域，快捷键为 I。

📦拆分体（Split Body）：可以拆分体，然后删除多余部分。

📦拆分面边（Split）：可以在面上创建压印，也可以分割边。

投影（Project）：通过延伸其他实体或曲面的边在面上创建压印。

📖 如果要通过体的表面分割体，推荐使用拆分体工具；如果要在表面上创建一条边，推荐使用拆分面工具。

3.4.1　组合

"设计"选项卡"相交"功能区中的组合工具（Combine）可以合并实体和曲面。实体可以与实体合并，曲面可以与曲面合并，仅当曲面能够形成一个可以添加该实体或分割该实体的区域时实体和曲面才能合并。

组合工具始终需要两个或两个以上的对象。分割工具始终对一个对象进行操作，并且在定义切割器或投影表面时自动选择该对象。可以使用一个表面拆分实体或面，也可以投影表面的边到其他实体和曲面。

当曲面围成一个封闭区域时，组合后将变成实体。当同一曲面的边重合时，将自动合并。组合操作不能分割平面，但平面可以用于拆分实体等其他对象。

3.4.1.1　向导

在组合工具中，以下向导可以帮助完成分割过程：

选择目标（Select Target）：默认情况下处于激活状态。如果没有预选目标实体或面，则可以从组合工具内使用选择向导进行选择。

切割器（Select Cutter）：一旦选择了目标，该向导被激活。鼠标左键单击用于切割目标的实体或曲面。此向导激活时，如果需要将其他实体添加到切割器中，可以使用 Ctrl+鼠标左键单击对象。

合并实体（Select Bodies to Merge）：可以从结构树或"设计"窗口中选择要合并的多个实体或曲面。

删除区域（Select Regions to Remove）：一旦目标切割完成，该向导被激活。将鼠标置于目标之上即可预览切割创建的区域。鼠标左键单击删除体。

📖 显示带有双边框的向导将"一直激活"，它允许重复执行相同的操作。例如，当向导显示双边框时，只需一直选择对象即可。要对向导"取消激活"，可以再次鼠标左键单击该向导或鼠标左键单击另一个向导或单击"设计"窗口中的空白处。

3.4.1.2　选项

可以从"选项"面板激活选项，或者鼠标右键单击并从微型工具栏中选择。

完成后合并（Merge When Done）：在退出组合工具时合并所有相接触的实体或曲面，隐藏的对象不合并。

保留切割器（Keep Cutter）：选择此选项，切割器对象会被保留。SpaceClaim 假定会创建一个仅用于切割的切割器对象。如果要在设计中保持切割曲面，请选择此选项；如果未选择此选项，则一旦鼠标左键单击切割面，就会自动删除该面；如果分割曲面，激活此选项可以避免切割器对象被目标对象分割。

创建所有区域（Make All Regions）：此选项以使用切割器对象切割目标对象以及使用目标对象切割切割器对象时，相关区域都会被创建。目标和切割器必须为相同类型的对象，即均为实体或均为曲面。由于此选项可以创建大量区域，建议将此选项与完成后合并选项配合使用，以便单击另一个工具或按 Esc 键完成组合使用时，可以快速合并所有剩余的区域。

创建曲线（Make Curve）：此选项以在相交位置创建边而不是所选区域的体。

延伸相交部分（Extend Intersection）：将压印延伸至下一条边。

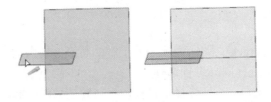

3.4.1.3　合并实体

（1）确保"相交"功能区中组合工具的选择目标向导处于激活状态，快捷键为 I。

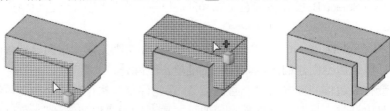

（2）鼠标左键单击要合并的第一个实体。

（3）激活选择要合并的实体向导，或者使用 Ctrl+鼠标左键单击第二个实体，与第一个实体合并。结构树中会显示该合并。

（4）（可选）使用 Ctrl+鼠标左键单击第三个实体。

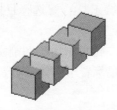

📖 后面选中的实体会采用第一个实体的颜色和材料等属性。

3.4.1.4 合并面

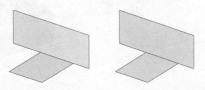

（1）确保"相交"功能区中 ⬚组合工具的 🖐选择目标向导处于激活状态，快捷键为 I。

（2）鼠标左键单击要合并的第一个曲面。

（3）Ctrl+鼠标左键单击第二个曲面，第二个曲面会采用第一个曲面的颜色和可见性属性。结构树中会显示该合并。

3.4.1.5 合并封闭面

（1）鼠标左键框选相交以形成封闭区域的曲面。

（2）激活"相交"功能区中的 ⬚组合工具，快捷键为 I。

（3）封闭的区域会变成一个实体并在结构树中，实体同合并曲面的颜色和可见性等属性一致。

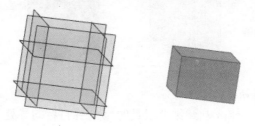

3.4.1.6 合并面和平面

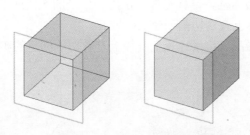

（1）Ctrl+鼠标左键单击一个曲面和一个封闭该曲面的平面。

（2）激活"相交"功能区中的 ⬚组合工具，快捷键为 I。

（3）曲面和平面将合并为实体。

3.4.1.7　面切割实体

（1）确保"相交"功能区中⬚组合工具的⬚选择目标向导处于激活状态，快捷键为 I。

（2）鼠标左键单击被切割的实体。

（3）⬚切割器向导被激活，鼠标左键单击用于切割实体的曲面、表面或平面。

（4）⬚删除区域向导被激活，将鼠标置于实体上查看切割创建的实体，鼠标左键单击要删除的实体。

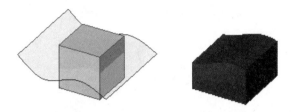

3.4.1.8　实体切割实体

（1）确保"相交"功能区中⬚组合工具的⬚选择目标向导处于激活状态，快捷键为 I。

（2）鼠标左键单击被切割的实体。

（3）（可选）Ctrl+鼠标左键单击添加要被切割的实体。

（4）（可选）激活"选项"面板中创建实体的⬚保留切割器选项。

（5）⬚切割器向导被激活，鼠标左键单击用于切割的实体。

（6）⬚删除区域向导被激活，将鼠标置于实体上查看切割创建的实体，鼠标左键单击要删除的实体。

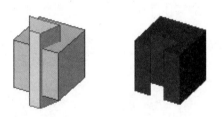

3.4.1.9　实体或平面分割曲面

（1）确保"相交"功能区中⬚组合工具的⬚选择目标向导处于激活状态，快捷键为 I。

（2）鼠标左键单击被切割的曲面。

（3）⬚切割器向导被激活，鼠标左键单击用于切割的实体或平面。

（4）将鼠标置于实体上查看切割创建的区域。

（5）⬚删除区域被激活，将鼠标置于实体上查看切割创建的实体，鼠标左键单击要删除的实体。

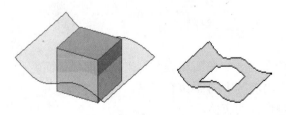

3.4.1.10　曲面分割曲面

（1）从"相交"功能区中选择 组合工具。

（2）鼠标左键单击要切割的曲面。

（3）鼠标左键单击要切割曲面的曲面。可以框选仅与目标曲面部分相交的曲面，从而对该曲面进行部分切割。

（4）将鼠标置于曲面上查看切割创建的区域。

（5）鼠标左键单击要删除的区域。

3.4.1.11　实体中删除封闭的体

（1）在两个不同的组件中创建外部实体和内部实体。

（2）从"相交"功能区中选择 组合工具。

（3）鼠标左键单击外部实体。

（4）鼠标左键单击内部实体以将其用作切割器。

（5）鼠标左键单击内部实体以进行删除。

3.4.2　拆分体

"设计"选项卡"相交"功能区中的 拆分体工具（Split Body）可以通过一个或多个面或平面来拆分实体，然后选择删除一个或多个区域。如果一个实体表面被选为切割器，则默认操作是延伸该表面以尽可能切割实体。

3.4.2.1　向导

激活 拆分体工具，在"设计"窗口的左侧将出现工具向导以辅助完成拆分过程，其功能及用途如下：

 选择目标（Select Target）：默认情况下处于激活状态。

 切割器（Select Cutter）：一旦选择了目标，该向导会被激活。鼠标左键单击要用于切割目标的实体或曲面。

 选择切口（Select Cut）：当"选项"面板中的"局部切割"选项被激活后，光标停靠的可拆分区域将高亮显示。

 删除区域（Select Region）：一旦目标切割完成，就会被激活。此向导被激活时，将鼠标置于目标上即可预览切割创建的区域，鼠标左键单击删除体。

3.4.2.2　选项

一旦选择了要拆分的体，可以在"选项"面板中激活选项，或者鼠标右键单击并从微型工具栏中进行如下选择：

 完成后合并（Merge When Done）：选择此选项以在退出 拆分体工具时合并所有接触

的实体或曲面，不合并隐藏的对象。

◈延伸面（Extend Face）：延伸所选切割器表面以切割目标实体。

局部切割（Local Slicing）：预览切割器可以拆分的多个区域，使用鼠标左键单击可以拆分部分区域。

创建拆分面（Create Split Surface）：在拆分区域创建面。

3.4.2.3 表面拆分实体

（1）激活"相交"功能区中的🗎拆分体工具。

（2）确保🗎选择目标向导处于激活状态，鼠标左键单击被拆分的体。

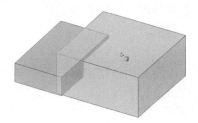

（3）激活"选项"面板中的◈延伸面选项。

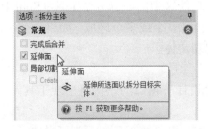

（4）鼠标左键单击要用于切割体的面，将鼠标置于实体上查看切割创建的区域。

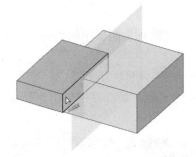

（5）（可选）🗎删除区域向导被激活，鼠标左键单击一个或多个需要删除的区域。

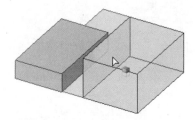

（6）按 Esc 键，退出🗎拆分体工具。

3.4.3   拆分面边

拆分面边工具（Split）可以对表面或曲面进行分割以创建压印，也可以对边进行等分或指定位置拆分。

3.4.3.1   向导

选择目标（Select Target）：默认情况下该向导处于激活状态。如果没有预选目标表面或曲面，则可以从拆分面工具内使用该向导进行选择。可以使用 Ctrl+鼠标左键单击同一平面中的多个面或表面以将所有面分割。

分割边（Select Split Edge）：选择要拆分的边。

UV 切割点（Select UV Cutter Point）：一旦选择了目标，该向导会被激活。将鼠标置于目标面上可以预览拆分效果，鼠标左键单击以在所选表面上创建该边，将鼠标置于一条边上可以编辑该边的长度、第一个点和终点之间的距离占该边的百分比。

垂直切割器（Select Perpendicular Cutter Point）：可以鼠标左键单击边上的一个点切割目标面。

两点切割器（Select Two Cutter Points）：一旦选择了目标，该向导会被激活。鼠标左键单击选择一条边上的第一点，可以将鼠标置于另一条边上以预览将创建的新边。鼠标左键单击在所选表面上创建该边。可以使用此工具向导，将鼠标置于一条边上并编辑该边的长度、第一个点和终点之间的距离占该边的百分比。

选择刀具（Select Cutter Face）：一旦选择了目标，该向导会被激活。此工具向导被激活时，鼠标左键单击选择要用于在目标上创建边的表面或曲面。

删除压印（Remove Imprint）：移除不需要的压印线。

3.4.3.2   选项

创建曲线（Make Curve）：在预览压印的位置创建相应的线。

3.4.3.3   UV 拆分面

（1）激活"相交"功能区中的拆分面边工具。

（2）鼠标左键单击以选择要拆分的表面或曲面，可以使用 Ctrl+鼠标左键单击以选择多个面。

（3）UV 切割点向导自动被激活，将鼠标置于面上以预览将创建的压印。

（4）鼠标左键单击执行拆分面。

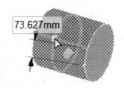

（5）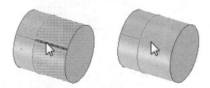删除压印向导自动被激活，鼠标左键单击不需要的压印。

3.4.3.4　一点拆分面

（1）激活"相交"功能区中的拆分面边工具。

（2）鼠标左键单击以选择要拆分的表面或曲面，可以使用 Ctrl+鼠标左键单击以选择多个面。

（3）激活垂直切割器向导，将鼠标置于面的边上，可以预览将创建的压印。

（4）键入数值以定量确定拆分点。

（5）按 Enter 键或者鼠标左键单击边上的一点完成拆分面。

3.4.3.5　两点拆分面

（1）激活"相交"功能区中的拆分面边工具。

（2）鼠标左键单击以选择要拆分的表面或曲面，可以使用 Ctrl+鼠标左键单击以选择多个面。

（3）激活两点切割器向导，鼠标左键单击一条边上的一点。

（4）鼠标左键单击另一条边上的一点以拆分所选面。

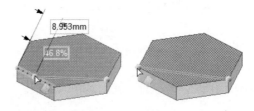

3.4.4　投影

投影工具通过延伸其他实体、曲面、草图或注释文本在实体的表面上创建边或压印。

3.4.4.1　向导

⬆选择（Select）：默认情况下处于激活状态，选择投影特征。

✦方向（Select Direction）：选择投影方向，也可以使用快捷键 Alt+鼠标左键单击。

👟目标面（Select Target Face）：选择投影面。

✅完成（Complete）：确认投影压印。

3.4.4.2　选项

"选项"面板中提供以下选项：

透过实体投影（Project through Solid）：整个实体将边投影到所有表面上，而不仅仅是最接近投影面的表面。

投影轮廓边（Project Silhouette Edge）：投影对象的轮廓。如设置方向，可以使用选择方向工具向导。

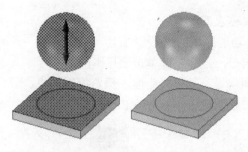

延伸投影边（Extend Project Edge）：当投影的边并非完全跨表面延伸时，此选项将直线延伸直至另一条边。

延伸目标面（Extend Target Face）：当投影面大于目标时，扩展目标面。

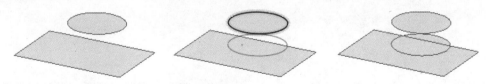

3.4.4.3　边到实体

（1）激活"相交"功能区中的🔩投影工具。

（2）激活⬆选择向导，鼠标左键单击要投影其边的表面、曲面。

（3）激活✦方向向导，鼠标左键单击一个表面或一条边以设置投影的另一个方向，投影为垂直投影。

（4）激活👟目标面向导，选择投影面，预览投影效果。

（5）激活✅完成向导创建压印或者按 Enter 键。

3.4.4.4　注释文本

（1）激活"相交"功能区中的🔩投影工具。

（2）激活 [图标] 选择向导，鼠标左键单击要投影的 [Abc] 注释。

（3）激活 [图标] 目标面向导，选择投影面，预览投影效果。

（4）激活 [图标] 完成向导创建压印或者按 Enter 键。

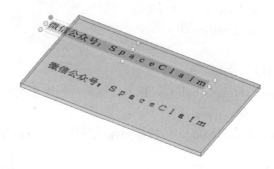

3.4.4.5　线投影到实体表面

（1）激活"相交"功能区中的 [图标] 投影工具。

（2）激活 [图标] 选择向导，鼠标左键单击要投影的线。

（3）激活 [图标] 目标面向导，选择投影面，预览投影效果。

（4）激活 [图标] 完成向导创建压印或者按 Enter 键。

3.5　创建

"创建"（Create）功能区可以插入平面、轴、点、阵列和局部坐标系，并可以在实体和面之间创建偏置或镜像关系。

包含以下工具：

□平面（Plane）：依据所选对象或屏幕视角创建参考平面。

＼轴（Axis）：创建参考轴。

·点（Point）：创建空间点。

└原点（Origin）：创建局部坐标系。

∴线性阵列（Linear Pattern）：快速创建线性阵列。

∴圆形阵列（Circular Pattern）：快速创建圆形阵列。

▦填充阵列（Fill Pattern）：快速创建填充阵列。

壳体（Shell）：将实体转换为壳体。

偏移（Offset）：创建各表面之间的偏置关系。

镜像（Mirror）：可以指定将一个表面或平面作为镜像。

3.5.1 平面

平面可以用于创建草图或放置布局，也可以作为拆分体工具的切割器，也可以作为注释平面放置工程图纸的尺寸或注释，也可以作为平面剪裁剖视几何（详见 4.3.1.2 节），也可以作为隐藏的约束条件用于几何编辑或参数驱动的参考面（详见 4.3.6.1 节），也可以作为镜像平面用于镜像。

平面将围绕设计中的所有对象保持适当边距，当在设计内添加、删除或移动实体时延伸和修剪自身。

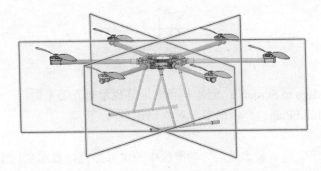

可以通过选择设计中的各种表面、边、轴或直线来创建平面，当选择对象不同时，创建的位置也不同，请参考下表。

鼠标左键单击	创建位置
平面	包含该表面
平面和点	经过该点与该平面平行
平面和边	经过该边与该平面垂直
两个平行的面	位于两个面中间
圆柱面	与该表面的单击点相切
两个平行轴的圆柱面	与两个表面相切并尽可能接近选择点
轴	包含该轴
两个平行轴	经过各轴
两个参考坐标系的轴	经过各轴
轴（或直线）和一个点	经过该轴（或直线）和该点
任何直线的端点	经过该端点且与该端点所在的直线垂直
三个点	经过三个点
平面内的两条线	经过两条平面线
Alt+Shift+对象	临时对象

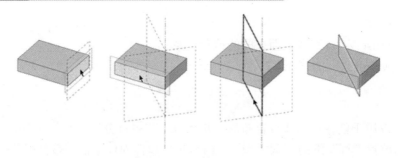

📖 ◻平面是有方向的，该方向决定了裁剪的默认方向、注释方向等。查看和改变方向需要使用 ⬚ 移动工具的转动箭头。

3.5.1.1　向导

▶选择（Select）：默认情况下处于激活状态，依据一个对象创建平面。

▶屏幕对齐（Align to Screen）：创建与当前屏幕视角对齐的平面。

▌构建平面（Build Plane）：依据多个对象创建平面。

3.5.1.2　构建平面

（1）勾选"显示"选项卡"显示"功能区中的世界原点，显示全局坐标系。

（2）激活"设计"选项卡"创建"功能区中的◻平面工具。

（3）激活▌构建平面向导。

（4）鼠标左键单击任意边。

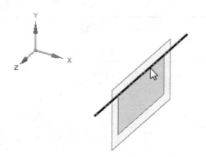

（5）鼠标左键单击全局坐标系 Z 轴，显示虚线临时平面。

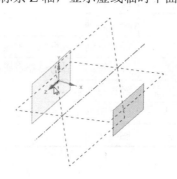

（6）鼠标左键单击其中一个虚线框，创建平面。

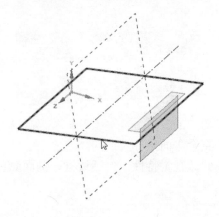

3.5.1.3　钉住平面

（1）激活"设计"选项卡"创建功能区"中的□平面工具。

（2）鼠标左键单击点，创建平面。

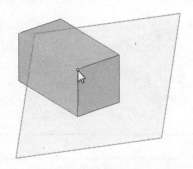

（3）鼠标右键单击结构树中的□平面，在弹出菜单中选择"已钉住"选项。

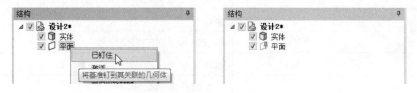

此时，"设计"窗口中的□平面将变为绿色的□平面。

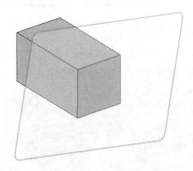

（4）（可选）用　移动工具或　拉动工具编辑几何，平面将跟随创建点。

📖 🗐平面可以用于创建隐藏的约束条件。

3.5.1.4　修改平面属性

（1）鼠标左键单击结构树中的🗐平面。

（2）在"属性"面板中查看平面坐标及法向。

（3）在"属性"面板中修改视觉特性，包括边框、剖面颜色等。

3.5.2　轴

╲轴可以用于旋转或编辑对象时的距离参照。轴与创建它们的几何之间没有联接关系（除非其作为现有轴的延伸）。轴将在包含设计中的所有对象上向外少量延伸。可以通过选择设计中的各种表面、边或直线来创建╲轴，当选择对象不同时，创建的位置也不同，请参考下表。

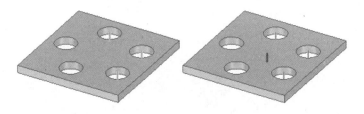

鼠标左键单击	创建位置
圆柱面	该面的轴心
两个不平行的平面	平面延伸相交处创建轴
直边	该边
圆柱体和切平面	圆柱体和平面的相交位置
直线	该线
圆或弧	经过圆心或弧心并与该线垂直
两个点	经过两个点

通过临时线创建轴的具体操作步骤如下：

（1）激活"设计"选项卡"编辑"功能区中的 ▸选择工具，快捷键为 S。

（2）Alt+Shift+鼠标左键单击两条边，出现临时线。

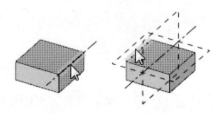

（3）鼠标左键单击临时中心线。

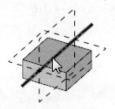

（4）激活"设计"选项卡"创建"功能区中的 ＼轴工具，完成创建。

3.5.3　空间点

可以在 ⬡三维模式或 ⬡剖面模式下实体或面的任何位置创建 ✛空间点，可以使用 ↘移动工具编辑其位置，具体操作步骤如下：

（1）激活"设计"选项卡"创建"功能区中的 ✛空间点工具。

（2）鼠标左键单击表面、曲面、曲线或边上的点、顶点创建 ✛空间点并显示在结构树中。

（3）（可选）激活编辑功能区中 ↘移动工具的 XYZ 输入坐标选项，移动 ✛空间点到指定位置。

📖　✛空间点不同于 ●草图点，不能作为 Work Point 导入 ANSYS Workbench 中。

3.5.4　局部坐标系

在二维模式或三维模式下均可插入 ↘原点，可导入 ANSYS Workbench 作为局部坐标系（Coordinate System），参见 4.5.4 节。可以将 ⬒或 ▽刻度尺标定到局部坐标系距离，可以在实体的质心或形心处插入局部坐标系，可以在"显示"选项卡中设置全局坐标系的可见性。

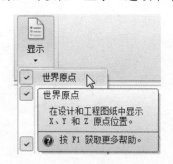

3.5.4.1　形心局部坐标系

（1）激活"测量"选项卡"检查"功能区中的 ⏱ 质量属性工具，快捷键为 A。

（2）鼠标左键单击"设计"窗口中的实体，显示质心或形心。

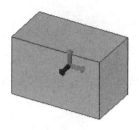

（3）激活"设计"选项卡"创建"功能区中的 ╘ 原点工具，在质心或形心处创建坐标轴。

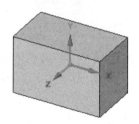

3.5.4.2　临时点局部坐标系

（1）激活 ╲ 移动工具。

（2）Alt+Shift+鼠标左键单击两个点，在中点处出现临时点。

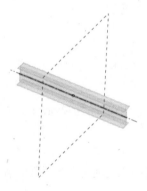

（3）激活 ╘ 原点工具，鼠标左键单击临时点以创建局部坐标系。

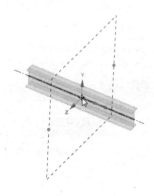

3.5.5　阵列

　　"创建"功能区的阵列模式包括：线性阵列、圆形阵列和填充阵列。它们是对"编辑"功能区中移动工具的创建阵列选项的拓展，能够快速创建一维或二维线性阵列模式。在阵列预览情况下，任何不能创建的成员会显示为红色，可以创建的成员显示为蓝色。

　　阵列对象可以是一个零件或组件，阵列完成后会在结构树中将阵列成员移动到一个组件中，阵列成员的名字相同。

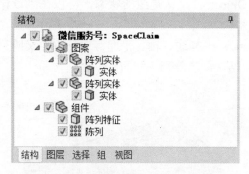

　　阵列对象也可以是一个特征，如凸台或凹孔，阵列完成后会在结构树中出现图标与主体零件在同一级组件中，鼠标左键单击可以在"属性"面板中修改阵列参数。

　　鼠标左键单击任意阵列成员可以在"设计"窗口中浮现阵列参数，Tab 键可以切换参数，键入数值后按 Enter 键完成阵列编辑。

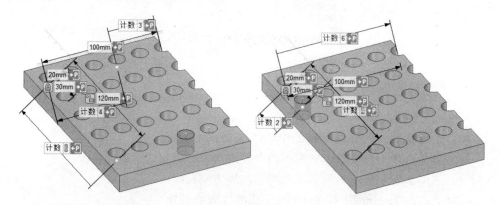

　　阵列关系会作为隐藏约束条件存在于几何的编辑过程中。鼠标右键单击任意阵列成员，在弹出菜单中鼠标左键单击删除成员的阵列属性。

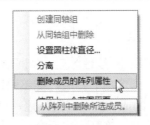

3.5.5.1　向导

选择对象（Select Object）：默认是激活状态，可以在"设计"窗口中选择阵列特征，也可以在结构树中选择零件。

阵列方向（Direction）：选择线、轴、平面等对象以定义阵列方向。

完成（Complete）：确认创建阵列。

3.5.5.2　线性阵列

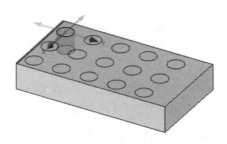

线性阵列可以将对象（如孔和螺栓）创建一维或二维线性阵列模式。在阵列预览中，不能创建的成员显示为红色，可以创建的成员显示为蓝色。

（1）激活"设计"选项卡"创建"功能区中的线性阵列工具。

（2）鼠标左键单击一个凸台或凹孔作为阵列的第一个成员。

（3）方向向导已经被激活，鼠标左键单击一条线、边、轴或一组点来设置阵列的方向。

（4）（可选）在选项中修改阵列模式选项，预览蓝色的阵列成员。

- 一维选项：改变 X 方向的个数或 X 方向的间距。
- 二维选项：改变 X、Y 方向的个数或 X、Y 方向的间距。

（5）（可选）鼠标左键单击箭头方向可以实现方向反转。

（6）激活完成向导或者按 Enter 键完成线性阵列创建。

（7）（可选）鼠标左键单击任意阵列成员可以在"设计"窗口中浮现阵列参数，Tab 键可以切换参数，键入数值后按 Enter 键完成阵列编辑。

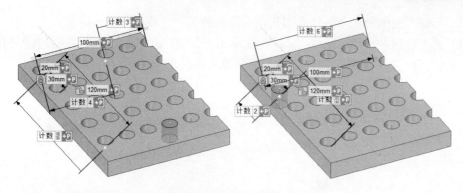

（8）（可选）在属性面板中编辑阵列参数。

（9）（可选）鼠标右键单击任意阵列成员并在弹出菜单中选择"删除成员的阵列属性"选项。

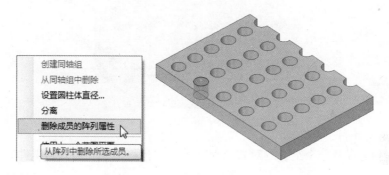

3.5.5.3　圆形阵列

圆形阵列可以从一个组合的对象类型开始，如孔和螺栓（插入的组件）等。

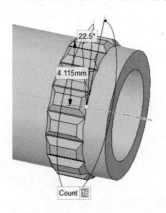

（1）激活"设计"选项卡"创建"功能区中的圆形阵列。

（2）鼠标左键单击一个凸台或凹孔作为阵列的第一个成员。

（3）$\nearrow$方向向导已经被激活，鼠标左键单击一条线、边、轴或一组点来设置阵列的方向。

（4）（可选）在"选项"面板中修改阵列模式选项。

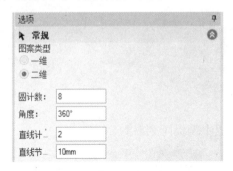

- 一维选项：改变圆周方向的个数或角度数值。
- 二维选项：改变圆周方向的个数或角度数值，以及线性方向的个数或线性方向的间距。

（5）激活$\checkmark$完成向导或者按 Enter 键完成圆形阵列创建。

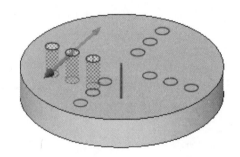

3.5.5.4 填充阵列

填充阵列可以从一个组合的对象类型开始，如孔和螺栓（插入的组件）等。

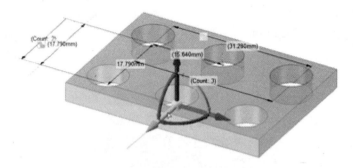

（1）激活"设计"选项卡"创建"功能区中的填充阵列。

（2）选择一个凸台或凹孔作为阵列的第一个成员，$\nearrow$方向向导被激活。

（3）选择一条线、边、轴或一组点来设置填充阵列的方向。

（4）（可选）在选项中修改阵列模式选项。

- 图案类型：栅格或偏移。

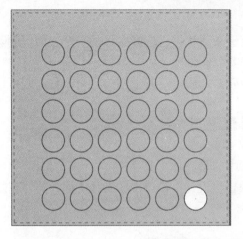 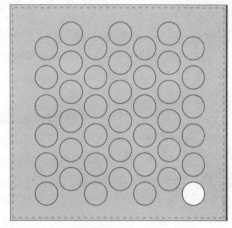

- X 或 Y 间距：定义阵列成员间的距离。
- 边距值：所显示虚线的橙色边界线为边距边界。

（5）激活 ✓ 完成向导或者按 Enter 键完成填充阵列创建。

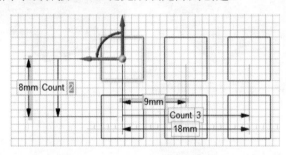

3.5.5.5　编辑阵列

（1）在结构树中选择填充模式节点，然后在"属性"面板的"布局"中更改阵列参数，此时"设计"窗口中会自动更新阵列。

（2）（可选）"设计"选项卡"编辑"功能区中的 ⟋ 移动工具，选择 🎲 支点向导。

（3）鼠标左键单击要固定的阵列成员的表面，可以固定线性或旋转阵列的任何成员。

3.5.6　壳体

　　🏛 壳体工具会自动创建实体各面之间的偏置关系，🏛 转换为钣金设计。可以删除实体的其中一个表面并创建指定厚度的壳体。壳体可以是开放的，也可以是封闭的。在壳体或偏移部分上增加或改变一个圆角，改变内部的面。

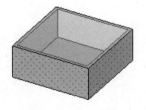 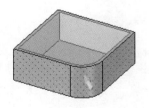 

　　📖 偏置的基准显示为蓝色。如果没有更改厚度数值，则厚度数值使用最小栅格间距设置的默认值。

3.5.6.1　向导

⬚删除面（Remove Face）：默认情况下处于激活状态。选择实体的一个表面以删除该表面并创建壳体，使用 Ctrl+鼠标左键单击以删除多个表面。

⬚更多壳体（More Shell）：如果创建一个壳体之后，在其上添加一个凸台，则可以利用此向导使该凸台成为壳体的一部分。

✓完成（Complete）：完成壳体的创建或编辑。

3.5.6.2　创建壳体

（1）激活"设计"选项卡"创建"功能区中的⬚壳体工具。

（2）默认⬚删除面已经激活，鼠标左键单击"设计"窗口中的实体表面，随即删除该表面并创建开放壳体。

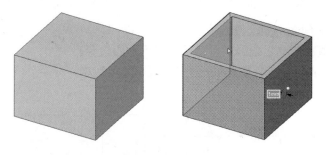

（3）（可选）继续鼠标左键单击以删除多个表面。

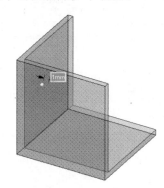

（4）（可选）键入数值以更改壳体的厚度，键入负数以从实体之外创建壳体厚度。

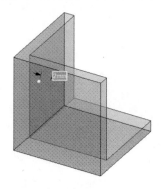

（5）（可选）或者鼠标左键单击结构树中的实体，创建封闭壳体。

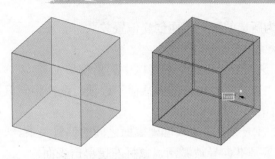

3.5.6.3　编辑壳体

（1）激活"设计"选项卡"编辑"功能区中的 ↖ 选择工具。

（2）鼠标左键单击壳体，在弹出的微型工具栏中指定面键入厚度。

3.5.7　偏移

偏移工具可以在两个表面之间创建偏置关系，此关系将在二维和三维编辑过程中保持。一个表面可以与多个表面保持偏置关系。可以在拉动工具的选项中取消保持偏移。

　改变一个圆柱的直径时，两个圆柱面之间保持的偏移关系会导致另外一个圆柱直径的改变。

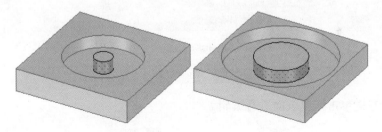

3.5.7.1　向导

面对（Face Pair）：默认情况下处于激活状态，选择需要创建偏置关系的面。

切换基准（Toggle Baseline）：当切换基准向导被激活时，选择要作为偏置基准的表面。

3.5.7.2　选项

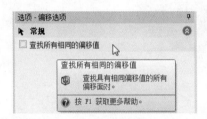

查找所有相同的偏移值：可以选择与所选配对表面有相同偏置距离的所有相邻表面，如

117

果未选择此选项，则仅为所选的配对表面创建偏置关系。

3.5.7.3　创建偏移关系

（1）激活"设计"选项卡"创建"功能区中的 偏移工具。

（2）（可选）激活"查找所有相同的偏移值"选项，选择相同偏置距离的相邻表面。

（3）鼠标左键单击第一个表面。

（4）鼠标左键单击第二个表面完成创建表面之间的偏置关系。

（5）（可选） 切换基准向导被激活，鼠标左键单击表面。

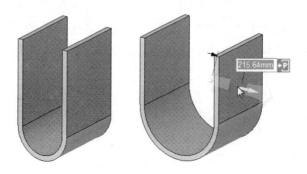

3.5.7.4　取消偏移关系

（1）激活"设计"选项卡"编辑"功能区中的 拉动工具，确保 选择向导处于激活状态。

（2）鼠标左键单击已设置偏移关系的表面。

（3）鼠标左键单击"选项"面板中的 保持偏移选项以取消偏移关系。

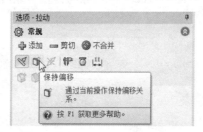

（4）鼠标左键单击拖曳表面进行编辑。

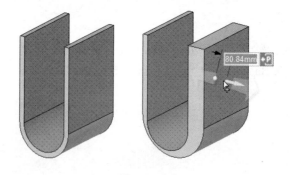

3.5.8　镜像

"设计"选项卡"创建"功能区中的 镜像工具用来镜像任何可以用 移动工具移动的几何对象。可以在两个面之间插入一个镜像平面，将其关联起来使用 拉动工具进行编辑。

可以复制一个体、曲面、线从一个镜像平面到另一个镜像平面。

一旦使用镜像创建了几何，该平面将成为永久镜像。无论是在二维模式还是三维模式下，已定义的镜像关系不会因对设计的编辑而改变。镜像对象与原对象分配到同一个图层，镜像的点、线不保持其镜像关系。

3.5.8.1　向导

镜像平面（Mirror Plane）：默认处于激活状态，选择一个面、表面或平面作为镜像。（如果已选择了一个镜像平面，还可以使用此向导选择要使用的另一个镜像平面。）

镜像主体（Mirror Body）：激活后，将光标置于"设计"窗口或结构树中的实体上可以预览由镜像创建的实体。鼠标左键单击实体执行镜像。

镜像面（Mirror Face）：激活后，将光标置于"设计"窗口或结构树中的表面上可以预览由镜像创建的表面。鼠标左键单击表面执行镜像。

设置镜像（Setup Mirror）：在两个表面之间创建镜像关系及对应的镜像平面，只有这两个表面将受镜像的影响。

删除镜像（Remove Mirror）：删除两个平面之间的镜像关系。

3.5.8.2　选项

合并镜像对象（Merge Mirror Object）：源对象与镜像对象将合并。此选项不勾选的时候会生成一个新的独立对象。

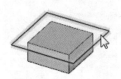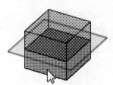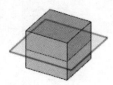

创建镜像关系（Create Mirror Relationship）：创建的几何之间存在镜像关系。当源对象的圆周阵列个数从 7 个改成 5 个时，由于存在镜像关系，镜像对象也随之更新。

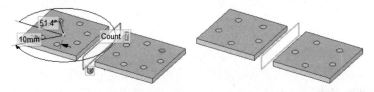

此选项不勾选的时候创建的几何之间不存在镜像关系，任何编辑都不会影响其他对象。

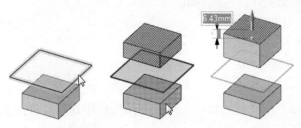

119

3.5.8.3 镜像对象

（1）（可选）可以使用□平面工具和✎ 移动工具来创建镜像平面。

（2）激活"设计"选项卡"创建"功能区中的镜像工具，此时镜像平面向导被激活。

（3）鼠标左键单击镜像平面。

（4）激活镜像体或镜面向导。

（5）在"设计"窗口中移动光标预览在镜像平面的另一侧创建的镜像体或面。

（6）鼠标左键单击创建镜像的对象。此时，镜像平面被创建，并可以在其他工具中使用。此时创建的镜像对象会出现在结构树中。

3.5.8.4 创建镜像关系

（1）激活镜像工具的设置镜像向导。

（2）鼠标左键单击一个平面。

（3）鼠标左键单击另一个平面，完成创建镜像关系，镜像平面将出现在两个面中间。对一个表面执行的特定操作将镜像到另一个表面。

📖 将鼠标置于"设计"窗口中，符合条件的平行面将高亮显示。

3.5.8.5 删除镜像关系

（1）激活删除镜像向导。

（2）鼠标左键单击要删除镜像关系的面。

📖 可以在任何工具编辑过程中临时禁用镜像关系。鼠标左键单击镜像平面以禁用镜像关系，鼠标左键再次单击镜像平面可以恢复镜像关系。

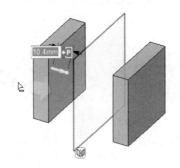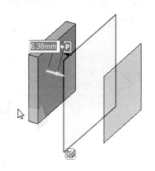

3.6 装配

"装配体"功能区中的工具对不同组件中的两个对象进行操作，可以指定它们彼此对齐的方式，即创建装配关系。在 SpaceClaim 中，组件由许多零件（如实体和曲面）组成。组件还可以包含任意数目的子组件，可以为组件创建多个装配关系。

创建的装配关系将显示在结构树中，可以在结构树中切换条件或删除它们。装配关系将显示在第一个鼠标左键单击的组件内。无法满足的装配关系在结构树中以不同的图标表示，取消选中结构树中的装配关系复选框即可禁用装配关系，选中该方框即可启用装配关系。鼠标右键单击结构树中的装配关系，并选择删除装配关系。鼠标右键单击结构树中的装配关系，并选择反转配对关系以将配合关系对应的对象进行反转配合。

"装配体"功能区包含以下工具：

相切（Tangent）：对齐两个不同零件中对象的所选表面，以保证它们相切或一个面与线、点等相切。对象可以是平面、柱面、球面以及圆锥面。

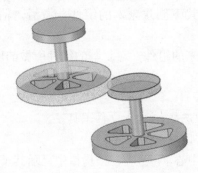

对齐（Align）：对齐两个点、线、平面或这些对象的组合。如果选择一个圆柱形或圆锥形的面，则使用轴；如果选择一个球面，则使用中心点。

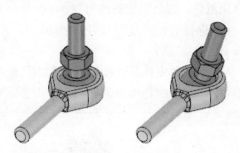

定向（Orient）：围绕组件的对齐轴旋转零件，以使所选表面指向同一方向。

刚性（Rigid）：锁定两个组件之间相对的方向和位置。

齿轮（Gear）：约束两个对象，以使其中一个对象相对于另一个对象旋转。齿轮条件可以创建在两个圆柱、两个圆锥、一个圆柱和一个平面或一个圆锥和一个平面之间等。

定位（Anchor）：固定所选零件的空间位置。

3.6.1　组件

1．创建组件

鼠标右键单击结构树中的顶层设计（或另一个组件）并从弹出菜单中选择"新建组件"选项以创建一个新的组件或子组件。

2．复制组件

（1）鼠标左键单击一个组件，激活 复制工具或者直接使用快捷键 Ctrl+C。

（2）鼠标左键单击要在其下创建副本的组件，激活 粘贴工具或者直接使用快捷键 Ctrl+V。

　　📖　副本组件会链接到原来的组件。对复制的组件所做的所有更改也会更改到原来的组件，除非使该副本独立。

3．插入组件或装配体

（1）从"插入"功能区中选择 插入文件工具。

（2）浏览到该组件并双击以插入该组件。

该组件会放置在工作区的中心，并且会在结构树中显示其子组件（如果该组件为装配体）。

4．激活组件

（1）鼠标右键单击该组件并从弹出菜单中选择"激活组件"选项。

（2）如果该组件为轻量化组件，则会先加载该组件。任何新对象均会创建在激活组件内，组件必须处于激活状态后，才能进行剪切或复制以用于粘贴。

5．将外部组件复制到设计中

鼠标右键单击该组件并从弹出菜单中选择"使用内部副本"选项。

所选的组件会复制到设计中，对该组件所做的任何更改不会影响原来的外部文件。

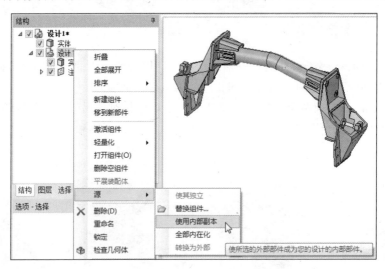

6．加载轻量化组件

鼠标右键单击该组件并从弹出菜单中选择"加载组件"选项。

随即加载该组件及其所有子组件的几何图形信息，并且可以使用任何 SpaceClaim 工具来处理这些组件。

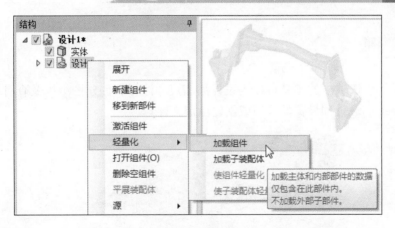

7. 使组件独立

鼠标右键单击结构树中的组件并从弹出菜单中选择"使其独立"选项。

结构树中的图标会更改，而组件会重命名为原文件名 2。

如果设计包含了同一外部组件的多个实例，而外部组件还包含另一个外部子组件的多个实例，则使该子组件独立会使子组件及其父组件均独立，结构树中的任何父组件（一直到顶层设计组件）均将变为独立。

3.6.2　对齐组件

1. 对齐两个组件的表面

（1）选择要移动的组件表面。

（2）Ctrl+鼠标左键单击要留在相同位置的组件表面。

（3）单击 对齐工具。两个表面会沿着同一平面对齐，被移动的组件下将显示"对齐平面"装配关系。如果想要与平面的另一侧对齐，则鼠标右键单击结构树中的"对齐平面"装配关系，然后选择反转配对关系。

2. 对齐两个组件的轴

（1）鼠标左键单击要移动的组件轴，将鼠标置于轴面上以显示该面的轴。

（2）Ctrl+鼠标左键单击要留在相同位置的组件轴，还可以选择由轴定义的表面。

（3）鼠标左键单击 对齐工具，组件的两个轴将会对齐，并且会在移动组件下的结构树中创建一个"中心轴"装配关系。

3.6.3　定向组件

使用 定向工具围绕组件的对齐轴旋转组件，以使所选表面指向同一方向。

（1）对齐两个组件的轴。

（2）鼠标左键单击要移动的组件表面。

（3）Ctrl+鼠标左键单击要留在相同位置的组件表面。

（4）鼠标左键单击 定向工具。第一个组件将绕对齐轴旋转，直到两个所选表面定向为同一方向，并且移动的组件下出现一个"定向方向"装配关系。

3.7 工程图纸

利用"详细"选项卡的工具可以为设计添加尺寸注释、创建图纸以及查看设计更改,可以通过⚙SpaceClaim选项设置默认项或创建自定义样式。

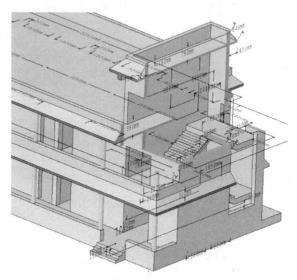

"详细"选项卡分为以下几个功能区:

定向(Orient):快速显示设计的详细视图。

字体(Font):通过调整字体特征来设定注释文本格式。

注释(Annotation):使用注释、尺寸、几何公差、表格、表面粗糙度符号、基准符号、中心标记、中心线和螺纹在设计上创建注释。

视图(View):向图纸添加视图。

符号(Symbol):插入和创建符号。

图纸设置(Sheet Setup):设定图纸格式。

三维标记(3D Markup):创建标记幻灯片以展示设计的更改。

3.7.1 注释

"注释"功能区可以为设计、图纸和三维标记添加注释、尺寸、形位公差、表面粗糙度符号、基准符号、中心标记、中心线和螺纹。当创建与设计对象相关的注释时,注释与对象会始终保持关联,即便使用设计工具修改这些对象仍可以实时更新注释内容。在图纸或三维标记幻灯片上创建的注释仅属于该图纸或标记所有,这些注释不会出现在设计中。

每个注释都有属性,可以在"属性"面板中修改。当创建第一个注释时,它会自动进行缩放,将设计缩放为适合设计窗口时可以看见该注释。所有其他的注释会使用与之相同的比例。

注释功能区包含以下工具：

尺寸（Dimension）：可用于创建测量尺寸。

注解（Note）：可用于选择注释平面并在其中键入文本。

注释指引线（Note Leader）：可用于连接注释与对象。

螺纹（Thread）：在任何圆柱体、圆锥体或孔上创建螺纹曲面。

中心线（Center Line）：为任何圆、弧、圆柱体端或球添加中心标记，并在任何圆柱面上放置中心线。

形位公差（Geometric Tolerance）：可用于创建形位公差。

基准符号（Datum Symbol）：可用于插入基准符号。

表面粗糙度（Surface Finish）：可用于创建表面粗糙度符号。

以及其他工具，如表格（Table）、螺栓孔中心圆（Bolt Circle）、基准目标（Datum Target）、焊接符号（Welding Symbol）、条形码（Barcode）等。

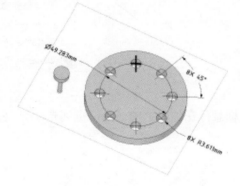

3.7.1.1 创建

注解工具可以为设计、图纸以及三维标记添加注释，也可以将注释映射到草图或实体上。在草图模式和剖面模式下，草图栅格定义了注释平面。将注释平面与注释分别放置在不同的图层中，取消注释平面的图层可见性，可以隐藏注释平面。创建注释的具体操作步骤如下：

（1）在详细选项卡中，选择注释功能区的注解工具。

（2）鼠标左键单击表面以创建用于放置注释的平面。将光标悬停在"设计"窗口的表面上，预览合适的注释平面。

（3）鼠标左键单击以在该平面中添加注释。

（4）键入注解文本。

（5）（可选）鼠标左键单击微型工具栏中的 Ω 以在光标处插入一个符号到注释中。

（6）（可选）鼠标左键单击微型工具栏中的插入字段，可以插入结构树中任意对象的属性或表达式。如果该字段为空，请检查相应对象的"属性"面板中的值。

（7）可以设定注释文本的格式，然后通过从其他注释或尺寸注释剪切、复制和粘贴文本来键入文本，拖曳旋转手柄来调整注释的方向。

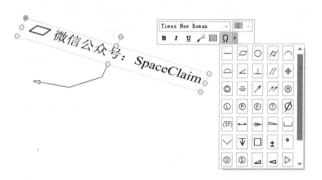

3.7.1.2　编辑

（1）移动注释框。将光标悬停在注释框的边缘，直到光标变为 ✛，然后鼠标左键单击并拖曳。

（2）调整注释框。鼠标左键单击并拖曳注释框的边缘（白色圆圈）。

（3）旋转注释。拖曳旋转手柄（绿色圆圈），按 Shift 键可以对齐到角度增量。

（4）鼠标左键单击结构树中 注释平面下的 Abc 注释，在"属性"面板中修改注释的属性，主要包括：

- 空间属性：用于设置注释的大小。选择模型空间，根据设计中对象的实际测量值来确定文本大小。选择视图空间，根据"设计"窗口中的设计视图来确定文本大小。
- 注释边框：用于在注释周围添加边框。从下拉列表中选择一种形状，在"最小宽度"中键入一个值，以防边框随着注释内容自动调整大小。

（5）（可选）按住 Ctrl 键，同时使用 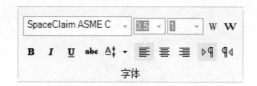 移动工具拖曳即可实现复制。

3.7.1.3　可见性

（1）创建两个图层：一个用于注释，一个用于 注释平面。

（2）将注释置于其中一个图层上，另一个图层则放置 注释平面。

（3）取消包含 注释平面的图层的可见性。

3.7.1.4　格式

借助"字体"功能区中的工具或右键单击注解时显示的微型工具栏，可以调整注释框内文本的字体、大小、样式（粗体、斜体、下划线）、对齐方式并创建上标和下标。

1. "字体"功能区

A‡偏置量：创建上标或下标。

B I U 样式：将注释文本设为粗体、斜体或添加下划线。

对齐方式：靠左、居中或靠右对齐注释文本。

文本方向：将文本方向设置为从左到右或从右到左。

2. 设定文本格式

（1）选中注解文本。

（2）使用"字体"功能区中的工具来设定选定文本的格式。

要创建上标或下标，从 A‡垂直文本偏置下拉列表中选择预设值，或者选择自定义并手动键入自定义值来向上或向下移动文本。

3.7.1.5　指引线

注释指引线工具可以从注释引出箭头标线。

1. 创建注释指引线

（1）激活"详细"选项卡"注释"功能区中的 注释指引线工具，将光标悬停在激活的 注释平面上，查看用于将注释指引线连接到注释的可行方式。

（2）鼠标左键单击注释的连接点，绘制注释指引线的第一部分。将光标悬停在设计上方，高亮显示要连到注释指引线末端的几何图形，也可以将注释指引线连接到临时对象上。

（3）对于分段的直线，可以鼠标左键单击设置注释指引线的每个点。

（4）结束注释指引线。鼠标左键单击顶点、边或表面可以将注释指引线的末端连接至该处，或者在任意位置双击可以结束注释指引线。不是连接到表面的注释指引线的末端显示为箭头。

2. 更改注释指引线的属性

（1）鼠标左键单击注释指引线。

（2）在"属性"面板中修改箭头样式。

（3）将样式值设为 True 以显示全圆角符号，设为 False 将其隐藏。

3. 向虚拟交点附加注释指引线

（1）激活"详细"选项卡"注释"功能区中的 注释指引线工具。

（2）Ctrl+鼠标左键单击一条直线。

（3）Ctrl+鼠标左键单击另一条可相交的直线，注释指引线的头部被附加到虚拟交点上。还可以拖曳虚拟交点的端点，为该虚拟交点绘制其他指引线，或者在横截面中、倒圆角处和斜边与直边之间创建虚拟交点。

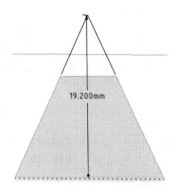

3.7.1.6 尺寸注释

使用 尺寸工具为设计、图纸或三维标记添加测量值，尺寸指引线可以跟随所属对象一起移动，尺寸值可以随着所属对象实时更新。

1. 创建尺寸注释

（1）激活"详细"选项卡"注释"功能区中的 尺寸工具。

（2）鼠标左键单击表面以创建用于放置尺寸的平面。将光标悬停在设计的各个表面上，预览合适的 注释平面。

（3）鼠标左键单击边或两点，确定尺寸标定的对象。

（4）将光标悬停在设计上，预览尺寸注释放置的位置。

（5）鼠标左键单击以创建尺寸。

2. 编辑尺寸注释

（1）要移动尺寸注释，使用 ⬉ 选择工具拖曳注释。

（2）选中所需的注释文本，然后重新设定格式。

（3）（可选）鼠标左键双击或右键单击尺寸，可以从微型工具栏中选择文本格式选项。

- xxx选择公差格式：编辑公差文本。
- ⊞插入字段：可以在"插入字段"窗口中选择字段类型和格式。
- Ω插入符号：下拉列表中选择符号并插入。

（4）（可选）鼠标右键单击指引线并选择添加转点来添加新点。

（5）在"属性"面板中修改尺寸注释的属性：

- 箭头样式：用于设置箭头的长度和宽度。
- 度量属性：用于更改测量类型，如显示孔的半径或直径。
- 精度属性：用于更改小数位数。
- 公差属性：用于更改尺寸的格式以及键入公差的上下限值。

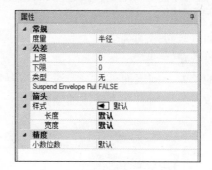

3. 显示注释和隐藏平面

（1）创建两个图层。

（2）将 🆎 注释置于其中一个图层。

（3）将 ▱ 注释平面置于另一个图层。

（4）在图层面板中关闭包含 ▱ 注释平面的图层的可见性。

3.7.2　符号

可以在设计、图纸或三维标记幻灯片中插入多种符号，符号可以跟随其所属对象一起移动。

3.7.2.1　基准符号

插入 🅰 基准符号的具体操作步骤如下：

（1）激活 🅰 基准符号工具。将光标悬停在设计的各个表面上，预览合适的 ▱ 注释平面。

（2）鼠标左键单击以将基准符号放置在适当的 ▱ 注释平面上。

（3）使用 ⟋ 注释指引线工具创建注释指引线。

3.7.2.2　表面粗糙度符号

插入 ▽ 表面粗糙度的具体操作步骤如下：

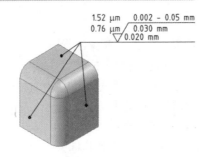

（1）从▽表面粗糙度下拉列表中选择要使用的符号类型。将光标悬停在设计的各个表面上，预览合适的 注释平面。也可以鼠标右键单击，在弹出菜单中选择新 注释平面。

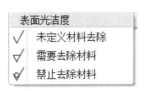

（2）鼠标左键单击平面上要放置指引线的表面。

（3）鼠标左键单击设计窗口中的空白区域以放置表面粗糙度符号。

（4）修改"属性"面板中的值：

- 类型：更改表面处理符号的类型。
- 模板：更改字段数量。
- 显示所有周围的符号：向表面处理符号添加该符号。
- 字体大小：更改符号中所有文本字段的字体大小。

3.7.2.3 中心线

可以在图纸中为任何圆、弧、圆柱体端或球添加中心标记并在任何圆柱面上放置 中心线。

（1）激活"详细"选项卡"注释"功能区中的 中心线工具。

（2）鼠标左键单击圆柱体端面的边、圆柱面或球以添加中心标记。

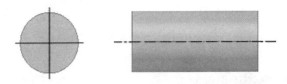

3.7.2.4 螺纹

使用 螺纹工具，可以在任何圆柱体、圆锥体或孔上创建螺纹纹理。当在 剖面模式下查看带有螺纹的对象时，即可显示螺纹深度。结构树中也会出现 内螺纹或 外螺纹对象。对于圆柱螺纹，选择标准以从下拉列表中选择其他属性的值。全螺纹是通孔的默认设置；而当螺纹所在的圆柱体或圆锥体终止于凸边上的平面处时，则自动选中盲螺纹。

1. 创建螺纹曲面

（1）激活"详细"选项卡"注释"功能区中的螺纹工具。

（2）鼠标左键单击圆柱体、孔或圆锥体的边。

（3）鼠标左键单击曲面以在"属性"面板中编辑螺纹曲面的属性。

属性	
螺纹	
类型	标准
系列	ISO
字号	M30 x 3.5
螺纹深度类型	全螺纹
内直径	26.21mm
外直径	51.26mm

3.8　测量

"测量"选项卡可以提取设计中的几何信息和物理参数，包含了用于测量、显示干涉的工具，以及在设计中分析质量的方法。

包括以下几个功能区：

检查（Measure）：用于显示设计中的边、面和体的测量工具。

干涉（Interference）：用于显示设计中的相交的体、面等形成的边的干涉情况。

质量（Quality）：可以探测任何异常或不连续的曲面。

　　通过 SpaceClaim 单位选项，可以为测量值设置单位。

3.8.1　检查

"检查"功能区包含以下工具：

测量（Measure）：可显示设计中长度、角度和体积的测量值。选择此工具的菜单可以显示相交的边和体积信息，快捷键为 E。

质量属性（Mass Properties）：可显示设计中对象的几何性质，快捷键为 A。

检查几何体（Check Geometry）：初步检查几何的常见问题，详见 4.3.1 节。在"设计"窗口中显示出投影面积和估算精度。

3.8.1.1　实体属性

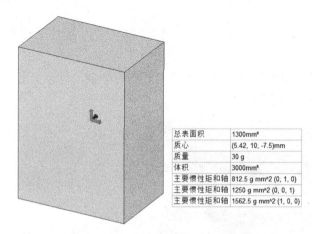

总表面积	1300mm²
质心	(5.42, 10, -7.5)mm
质量	30 g
体积	3000mm³
主要惯性矩和轴	812.5 g mm^2 (0, 1, 0)
主要惯性矩和轴	1250 g mm^2 (0, 0, 1)
主要惯性矩和轴	1562.5 g mm^2 (1, 0, 0)

（1）从"分析"功能区中选择质量属性工具。

（2）鼠标左键单击结构树中的实体或在"设计"窗口中鼠标左键三连击实体，以显示其总表面积、形心、体积、质心、主矩和轴。

　　形心坐标默认是参照全局坐标系，并在形心处显示一个小型坐标系，其轴为主轴方向。也可以提取基于局部坐标系的形心坐标，激活选择坐标系向导，鼠标左键单击局部坐标系即可。

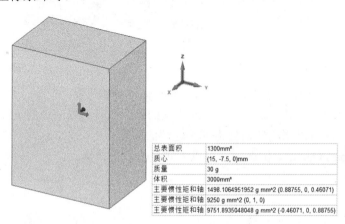

总表面积	1300mm²
质心	(15, -7.5, 0)mm
质量	30 g
体积	3000mm³
主要惯性矩和轴	1498.1064951952 g mm^2 (0.88755, 0, 0.46071)
主要惯性矩和轴	9250 g mm^2 (0, 1, 0)
主要惯性矩和轴	9751.8935048048 g mm^2 (-0.46071, 0, 0.88755)

📖 计算惯性矩需要对零件赋予材料，第一个数字是参考轴系的红色轴坐标，第二个是绿色轴坐标，第三个是蓝色轴坐标。

3.8.1.2　截面属性

（1）从"测量"功能区中选择 ⏣ 质量属性工具。

（2）鼠标左键单击 🔧 选择平面面积向导。

（3）选择一个平面，此时在设计中显示相关的截面属性信息。

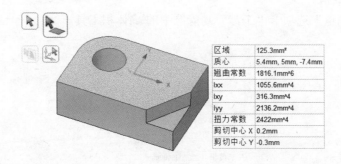

区域	125.3mm²
质心	5.4mm, 5mm, -7.4mm
翘曲常数	1816.1mm^6
Ixx	1055.6mm^4
Ixy	316.3mm^4
Iyy	2136.2mm^4
扭力常数	2422mm^4
剪切中心 X	0.2mm
剪切中心 Y	-0.3mm

3.8.1.3　计算投影面积

（1）从"测量"功能区中选择 ⏣ 质量属性工具。

（2）选择一个想要测量的体。

（3）在光标停留处选择显示投影的轮廓以便查看投影面积。

（4）鼠标左键单击 🔧 选择基准平面向导或按住 Alt 键并选择要投影的平面。

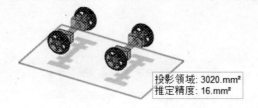

投影领域：3020.mm²
推定精度：16.mm²

3.8.2　干涉

"干涉"功能区包括以下两个工具：

⬛ 曲线（Curve）：显示在设计中由实体、曲面和组件的相交所创建的边。

曲线
体积
干涉

⬛ 体积（Volume）：显示在设计中实体干涉的区域，可以通过实体相交创建的干涉体积。

3.8.2.1　相交边

（1）激活"测量"选项卡"干涉"功能区中的 ⬛ 曲线工具。

（2）鼠标左键单击相交的实体以查看其相交的边。

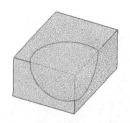

3.8.2.2 相交体积

（1）激活"测量"选项卡"干涉"功能区中的 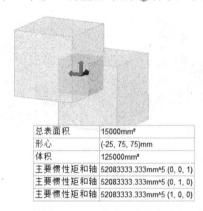 体积工具。

总表面积	15000mm²
形心	(-25, 75, 75)mm
体积	125000mm³
主要惯性矩和轴	52083333.333mm^5 (0, 0, 1)
主要惯性矩和轴	52083333.333mm^5 (0, 1, 0)
主要惯性矩和轴	52083333.333mm^5 (1, 0, 0)

（2）鼠标左键点选或框选干涉的实体，显示干涉的部位及干涉区域的 質量属性。

（3）（可选）使用 创建体积向导鼠标左键单击干涉区域，将干涉部位创建为新的实体。

3.8.3 质量

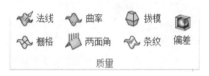

"质量"功能区用于发现异常或不连续的面：

法线（Normal）：显示面的法线方向。

曲率（Curvature）：显示沿曲线或边缘的曲率条纹图。

拔模（Draft）：显示选定的条纹图，显示的是角度测量值。

栅格（Grid）：显示任意表面或曲面中的栅格线。

两面角（Dihedral）：显示沿选定的边的两个表面之间夹角的条纹图。

条纹（Stripe）：反映在选定的面上的虚拟的三维立方体"空间"。

偏差（Deviation）：显示从源体或参考体到选定的体或网格体的距离偏差。

3.8.3.1　法线

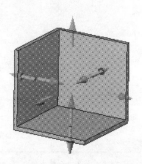

法线工具可以显示设计中面的法线方向，也可以翻转法线方向，具体操作步骤如下：

（1）在"测量"选项卡"质量"功能区中鼠标左键单击法线工具。

（2）选择一个对象，平面或曲面。Ctrl+鼠标左键单击可以选择多个面，或者在结构树中选择对象。此时会在选择的面上显示法线方向。

（3）如果发现法线方向不正确，鼠标右键单击面，在弹出菜单中选择"反转面的法线"选项。

在有限元前处理中，法线方向决定壳单元坐标系的 Z 向，详见 4.3.7.5 节。

4

当 SpaceClaim 遇上 ANSYS
——CAE 前处理应用

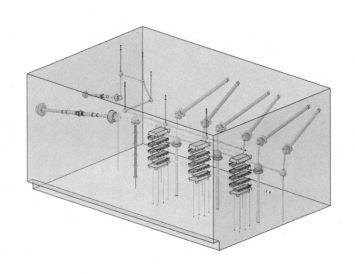

4.1 引言

SpaceClaim 通过 ANSYS Workbench 或 AIM 为结构、流体、电磁等分析类型作 CAE 前处理，不仅能够作通用的简化几何特征，还能够处理结构分析特有的抽梁、抽壳或者流体及电磁分析中的场，而且可以将处理后的几何模型双向无缝地传输给 ANSYS Workbench 实现参数优化分析，还能够将辅助 CAE 的相关数据传递给 ANSYS Workbench 和 AIM，如参数、集合、坐标等。

CAE 前处理的几何来源主要有三种：SpaceClaim 建模、第三方 CAD 建模、CAE 导出或逆向数据。针对前两种来源，从有到改地修复模型主要使用两个选项卡中的工具："修复"

（Repair）选项卡和"准备"（Prepare）选项卡，从碎到整地重建模型主要使用"小平面"（Facets）选项卡。

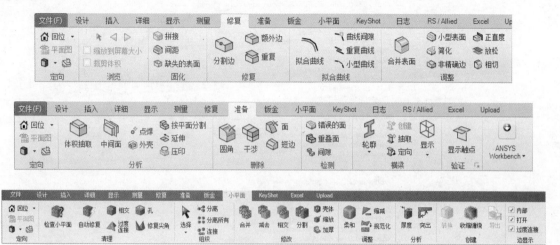

4.2　几何接口

基于历史特征建模的 CAD 文件包括参数、尺寸、特征和拓扑关系等信息，直接建模方式的 CAD 文件只包括几何模型，大幅降低了文件的数据量，所以 SpaceClaim 文件对大型且复杂设计的处理不会占用较多的硬件和软件资源。而且将 CAD 文件保存成.scdoc 格式意味着用户可以更快地加载、存储、更新模型，并且更好地使用其计算机内存。

SpaceClaim 使用 3D ACIS 内核开发，但可以导入导出其他内核的 CAD 文件或格式。导入选项或导出版本的设置请参照 2.3.10 节。

📖　ANSYS 17.0 版本之后可以读入 ECAD 文件用于 Mechanical 或 Icepak 热分析。

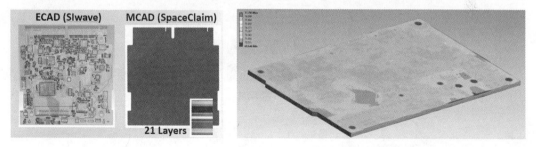

4.2.1　导入

SpaceClaim 可以直接打开主流 CAD 软件的源文件、ACIS 或 Parasolid 内核文件、ANSYS DesignModeler、中性格式文件、三角面片文件等，如 CATIA、ProE、SolidWorks、UG NX、.step、.stl 等。

导入外部几何的方式有以下两种：

（1）在"应用程序"菜单中 📁 打开已有的设计文件，打开的文件将在新的"设计"窗口中显示。

（2）使用"插入"选项卡"零件"功能区中的 📚 文件工具，该文件将在当前的"设计"窗口中打开，或者直接将文件拖曳至"设计"窗口中。

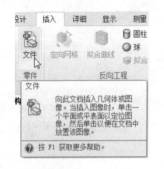

插入的文件也可以是图片，如卫星云图。

4.2.2　导出

可以保存为 SpaceClaim 自己的.scdoc 格式，或者导出中性文件格式、CATIA V5、.stl、PDF 等格式。

📖 导出的 PDF 几何模型可以在未安装 CAD 软件的计算机中用 Adobe Reader 查看。

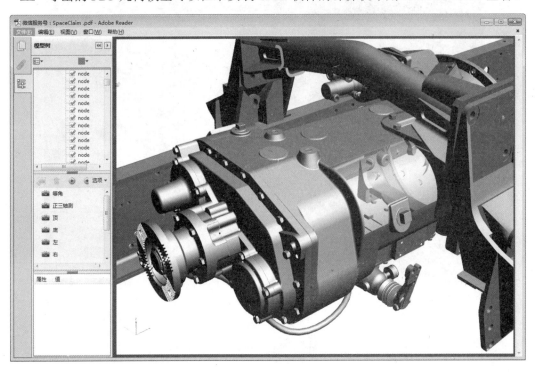

4.3 几何前处理

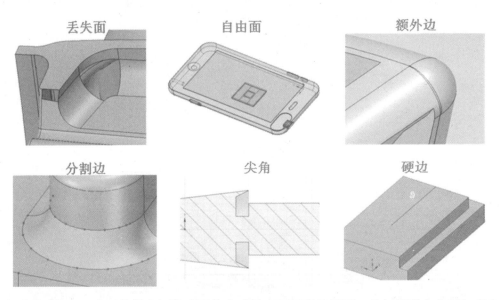

在导入过程中,由于软件之间格式不兼容或精度不匹配等原因,几何模型会出现如丢失面、自由面、额外边、分割边、尖角、硬边等问题,这些问题需要修复才能保证剖分单元的质量。SpaceClaim 基于直接建模的思路,可以无视建模过程使用多种方法直接修复上述问题。SpaceClaim

针对几何修复有多种方法，用户在实际使用中可以尝试切换不同方法对比效率和效果。

4.3.1　检查

通过检查工具可以对几何模型进行基本的诊断。

4.3.1.1　检查

SpaceClaim 将按照默认的容差设置对零件进行几何检查，检查可能的 ACIS 错误，具体操作步骤如下：

（1）鼠标右键单击在结构树中选择需要检查的零件或组件。

（2）在弹出菜单中选择 检查几何体。

（3）（可选）鼠标左键单击 停止操作可以终止操作，快捷键为 Esc。

（4）在提示信息中列出错误和警告，选择对应信息，在"设计"窗口中高亮显示相关的几何结构，以确定出错零件。

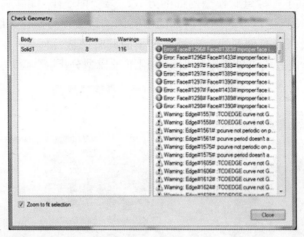

（5）"修复"选项卡"浏览"功能区中的工具能够缩放视图到有问题的几何特征，◁ ▷可以切换被探测到的细节， ☑ 裁剪体积 将仅显示高亮处的细节几何， ☑ 缩放到屏幕大小 将被裁剪体积放大到屏幕视图窗口的大小。

📖 "浏览"功能区适用于"修复"选项卡中的工具，可用于查看探测到的细节特征。

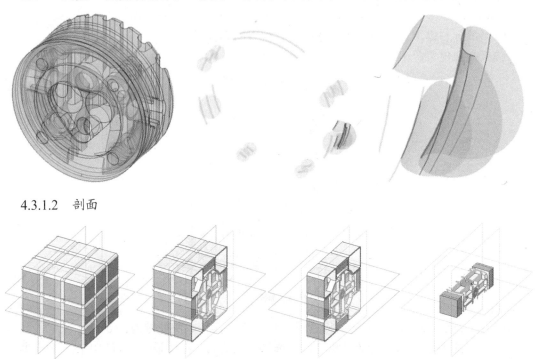

4.3.1.2 剖面

SpaceClaim 提供了三种查看模型内部的方式：第一种是在"设计"选项卡"模式"功能区中的⚙剖面模式，特点是可以通过对横剖面中实体的边或顶点操作来编辑实体；第二种是基于平面的🔲平面剪裁，没有剖面线，支持多个平面同时剪裁几何体；第三种是基于指定形状选择查看模型局部，该方式可以使用体积剪裁用于子模型分析。

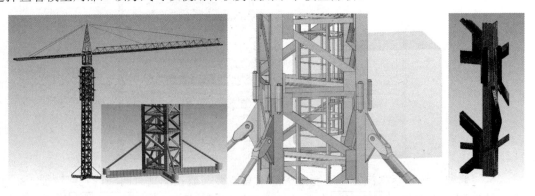

1. 剖面模式

⚙剖面模式可以方便地检查和调整模型内部间隙，可以使用以下工具：选择、拉动、移动、组合、分割体、壳体、偏置、填充，以及所有草图工具。可以使用选择工具来编辑样条曲线表面，弧心显示为小十字标记。

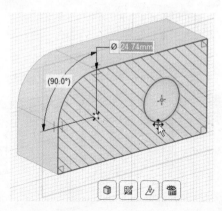

剖面方向的改变：转动"设计"窗口中的几何，默认是始终剪裁栅格上方的场景，可以通过"显示"选项卡"栅格"功能区中的选项控制隐藏或剪裁场景。

剖面位置的改变：通过微型工具栏中的 移动栅格激活 移动手柄来移动或旋转栅格。

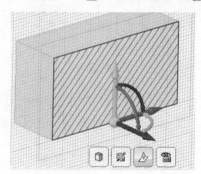

由于是在 剖面模式下处理几何的横截面，因此拉动直线即可拉动表面，而拉动顶点即可拉动边。

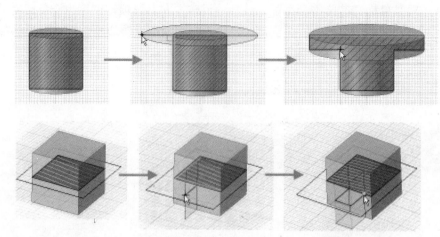

2．平面剪裁

平面剪裁可以与 草图模式、 剖面模式或其他 平面剪裁组合使用。选择多个平面组合裁剪显示剖面，但平面、轴和注释不会被剪裁，具体操作步骤如下：

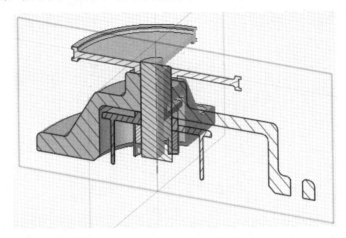

（1）在结构面板的 ▢ 平面处鼠标右键单击，选择"使用平面剪裁"选项。

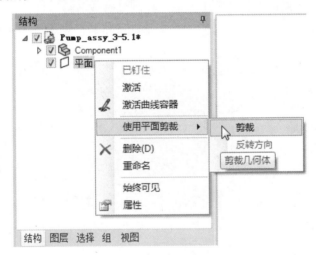

（2）（可选）鼠标右键单击 ▢ 平面，选择"反转方向"选项，图标也会反转变成 ▢。

（3）（可选）鼠标左键单击 ▢ 平面，在"属性"面板中设置边框、剖面颜色等视觉特性。

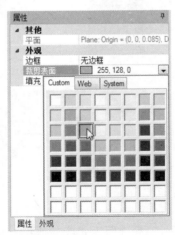

（4）（可选）Ctrl+鼠标左键单击多个 ⬚ 平面，鼠标右键单击，在弹出菜单中选择"合并"选项。

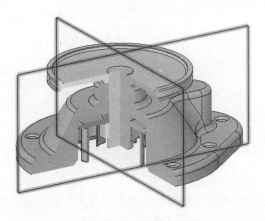

（5）剖面位置的改变：通过 ⬚ 移动工具对 ⬚ 平面进行平移或旋转操作。

📖 ⬚ 平面是有方向的，该方向决定了裁剪的默认方向，详见 3.5.1 节。

3. 体积剪裁

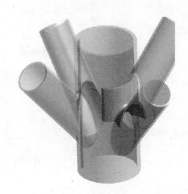

当面对一个复杂模型时，体积剪裁可以帮助用户仔细查看局部特征，类似"修复"选项卡"浏览"功能区中的 ☑ 裁剪体积 。也可以将查看体积抽取创建单独的实体用于后续的子模型分析，支持基于壳和梁的截面属性直接创建实体。具体操作步骤如下：

（1）在"设计"窗口中的空白处鼠标右键单击，在弹出菜单中选择"使用体积剪裁"中的 ⬚ 设置。

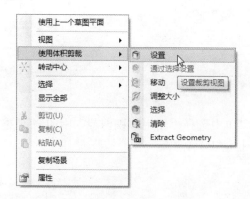

（2）在局部特征的位置鼠标左键单击并拖曳出立方形体积剪裁工具，移动鼠标调整到合适大小，鼠标左键释放。

（3）（可选）选中局部特征的面，鼠标右键单击并在弹出菜单中选择"使用体积剪裁"中的 通过选择设置，可以自动创建包含特征的体积剪裁。

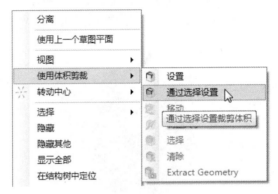

（4）（可选）在弹出菜单中选择"使用体积剪裁"中的 移动，可以调整体积剪裁的位置，操作方法类似 移动工具。

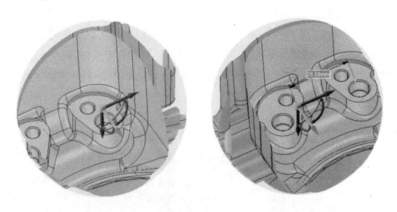

（5）（可选）在弹出菜单中选择"使用体积剪裁"中的 调整大小，可以调整体积剪裁的大小，操作方法类似 拉动工具。

（6）（可选）在弹出菜单中选择"使用体积剪裁"中的 🗒 清除，可以取消体积剪裁。

（7）（可选）在弹出菜单中选择"使用体积剪裁"中的 🗒 Extract Geometry，可以将剪裁的区域创建实体。该实体在"组"面板中将实体表面创建组，便于后期调用。

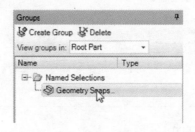

📖 ANSYS 17.0 版本之后的体积剪裁可以执行 🗒 Extract Geometry。

📖 对梁和壳的体积剪裁也能够基于截面属性创建出实体，详见 4.3.9 节。

4.3.2　点

4.3.2.1　工作点

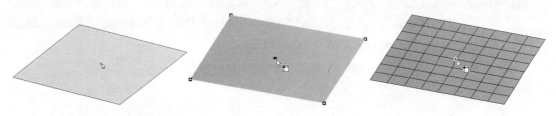

在前处理中插入工作点可以在 Meshing 中保证该处有节点分布，以便于在后处理环节提取关注位置的变量，如应变片或传感器的位置。导入工作点到 ANSYS Workbench 的具体步骤如下：

（1）在壳或实体表面创建工作点，步骤参见 3.3.2 节。

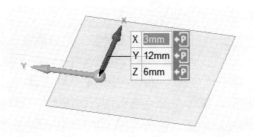

（2）设置导入选项。

（3）进入 ANSYS Workbench。

📖 SpaceClaim 有两个点工具：一个是"草图"功能区中的 2D 点工具，另一个是"创建"功能区中的 3D 点工具。能导入 ANSYS Workbench 作为工作点的是"草图"功能区中的点工具，即工作点一定要在表面或壳内。

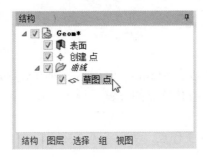

4.3.2.2 点焊

点焊是常见的接触方式之一，使用 ⚬ 点焊工具能够快速地在实体表面或壳上创建序列点，以在 ANSYS Workbench 中能够识别。具体操作步骤如下：

（1）激活"准备"选项卡"分析"功能区中的 ⚬ 点焊工具。

（2）使用 🗀 基准面向导，鼠标左键点选实体表面或壳作为焊接的基准面。

（3）使用 🗀 导向边向导，鼠标左键点选或 Ctrl+鼠标左键多选基准面的边，工具自动探测配合面。

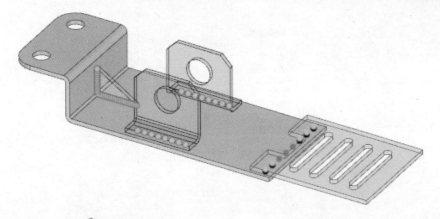

（4）（可选）使用 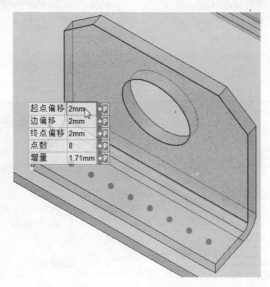 配合面向导，鼠标左键点选或 Ctrl+鼠标左键多选指定配合面。

（5）在"选项"面板或"浮出"窗口中设置起点偏移、边偏移、终点偏移、点数及增量等参数。

（6）鼠标左键单击✅完成向导创建点焊。可以通过结构树中的 Spot Welds 文件夹管理点焊。

（7）（可选）鼠标左键单击点焊组件，在"属性"面板或"设计"窗口中可以编辑参数。

（8）导入 ANSYS Workbench 查看点焊接触。

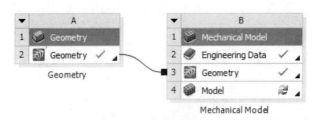

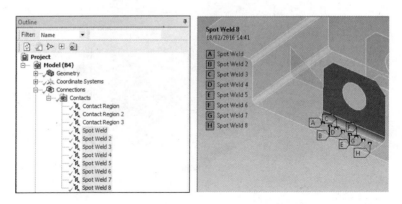

4.3.3 边

边是 CAE 分析中常用的基本几何特征，它影响剖分单元过程中节点的布置。导入几何的边通常有分割边、额外边和拟合曲线三类情况。

4.3.3.1 分割边

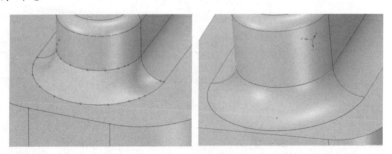

分割边（Split Edge）工具探测合并边，但不标记新的面，具体操作步骤如下：

（1）打开并显示需要被检查的几何。

（2）激活"修复"选项卡"修复"功能区中的分割边工具，在"设计"窗口显示的模型中自动查找并高亮显示分割的边。

（3）鼠标左键点选或框选"设计"窗口中的高亮区域即可修复分割的边。

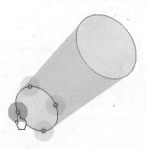

（4）（可选）使用移除向导，鼠标左键点选或框选希望保留的分割点，便不在"设计"窗口中高亮显示。

（5）鼠标左键单击完成向导删除所有的高亮点。

4.3.3.2　额外边

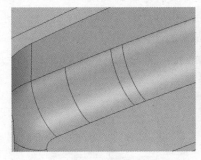 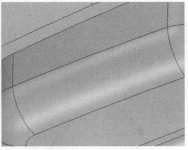

额外边工具适用于移除相切面之间的额外边。其与合并面工具类似（详见 4.3.4.3 节），但是只对边操作，具体操作步骤如下：

（1）打开并显示需要被检查的几何。

（2）激活"修复"选项卡"修复"功能区中的额外边工具。

（3）自动在"设计"窗口显示的模型中查找并高亮显示额外的边。

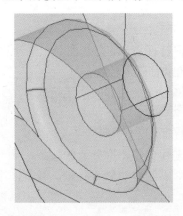

（4）鼠标左键点选或框选"设计"窗口中的高亮区域即可修复额外的边。

（5）（可选）使用 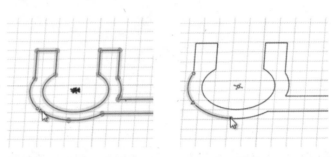 移除向导，鼠标左键点选或框选希望保留的额外边，便不在"设计"窗口中高亮显示。

（6）鼠标左键单击 ✅ 完成向导删除所有高亮的面。

4.3.3.3 拟合曲线

拟合曲线（Fit Curve）工具可以将不连续或不相切的线段替换为规则的光滑曲线，也可以将复杂的样条曲线分段线性化。具体操作步骤如下：

（1）激活"修复"选项卡"拟合曲线"功能区中的 拟合曲线工具。

（2）鼠标左键点选或框选"设计"窗口中需要被拟合的曲线。

（3）在"选项"面板中设置探测的最大距离和拟合的修复选项。

（4）鼠标左键单击 ✅ 完成向导删除所有高亮的面。

📖 其意义在于基于 2D 建模时对草图的修复，因为 2D 草图的来源可能是逆向文件的投影。

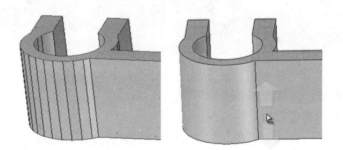

4.3.4 面

面是 CAE 分析中常用的几何特征之一，有些面会影响计算精度，有些面会影响计算速度。因此，CAE 前处理对面的需求通常有以下几种：

（1）拼接面或分离面，即将若干个相邻的面连接成一个大面，或者将实体按照几何相贯线分离成若干个面。

（2）补面，即恢复丢失的特征。

（3）合并或拆分面，对面进行合并、拆分或删除。

（4）面压印，对面进行分割以便添加分布质量、载荷作用面或共节点。

（5）重复面或替换面等。

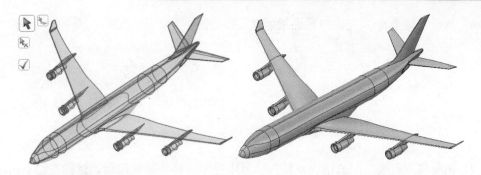

4.3.4.1　拼接/分离

在导入外部几何时常会出现实体变成封闭面或者表面变成若干碎面的情况，这时需要使用"固化"（Solidify）功能区的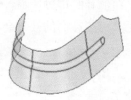拼接工具（Stitch）将有公共边的面拼成一个面。多个封闭的面执行拼接后将合成实体，复杂的几何则需要拼接若干次以合成实体。

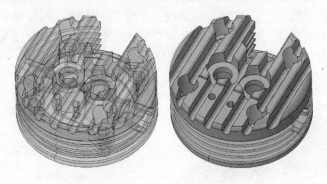

1．拼接工具

具体操作步骤如下：

（1）打开并显示需要检查的几何。

（2）激活"修复"选项卡"固化"功能区中的拼接工具。

（3）鼠标左键单击"设计"窗口中高亮的边即执行拼接相关面。

（4）（可选）使用移除向导，鼠标左键点选或框选希望保留的面，使其不在"设计"窗口中高亮显示。

（5）（可选）拼接探测的容差可以在"选项"面板中调整。

（6）鼠标左键单击✅完成向导连接所有高亮的面。

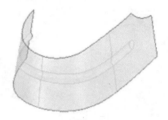

（7）如果操作失败，在⚠错误及警告信息中提示拼接失败的原因，鼠标左键单击信息可高亮显示该面。

2. 分离工具

与拼接相反的操作是分离（Detach），可以将所选表面分离成单独的面，方便设计工具进行编辑。同时，原来的实体或面被分解成多个面。

📖 对于不好处理的曲面，可以先拼接成易于编辑的实体，再分离成面。反之，复杂实体也可以分离成面，对面编辑之后再拼接成实体。高阶曲面较难直接拼接成功，可以通过编辑实体表面，再将实体分离成面。

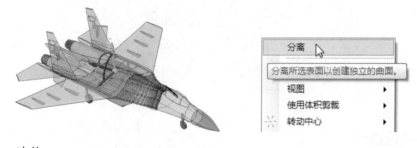

4.3.4.2 填补

补面有三种工具：🔲间距（Gap）工具探测的是某个距离以内的特征，更多适用于修复缝隙的情况，如边与边对应；🔲缺失的表面（Missing Face）工具探测的是某个距离以外缺失的几何面，通常指一个缺口有多条边，在缝补时可以选择；🔲填充（Fill）工具依据指定面或边进行填补。对于同样的特征，三种工具可能补面的效果会稍有不同，用户可以进行尝试。

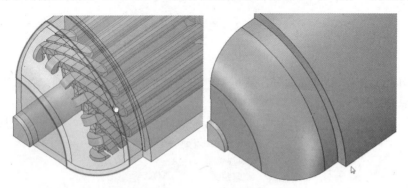

1. 在几何特征出现缝隙的情况时可以使用🔲间距工具处理，它通常搜索某个距离以内的特征，具体操作步骤如下：

（1）打开或显示需要检查的几何，隐藏的几何模型是不被查找的。

（2）激活"修复"选项卡"固化"功能区中的间距工具，自动查找并高亮显示探测到的间隙。

（3）在"选项"面板中修改查找容差，如最大角度和最长距离。

（4）鼠标左键点选或框选"设计"窗口中的高亮区域即可修补。

（5）（可选）使用移除向导，鼠标左键点选或框选希望保留的面，并不在"设计"窗口中高亮显示。

（6）鼠标左键单击完成向导删除所有高亮的面。

2．缺失的表面（Missing Face）工具通常搜索某个距离以外的特征，具体操作步骤如下：

（1）打开或显示需要检查的几何。

（2）激活"修复"选项卡"固化"功能区中的间距工具。

（3）自动在"设计"窗口显示的模型中查找并高亮显示探测到的间隙，隐藏的结构是不被查找的。

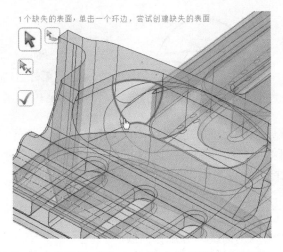

（4）在光标停留处修改"查找选项"中的最小角度和最短距离，选择"修复选项"中的填充或修补。

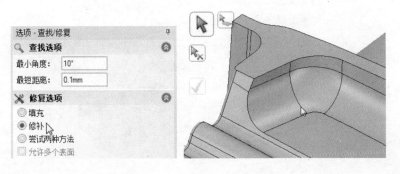

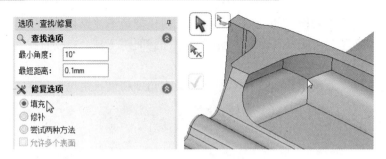

（5）鼠标左键点选或框选"设计"窗口中的高亮区域即可修补。

（6）（可选）使用 移除向导，鼠标左键点选或框选希望保留的面，并不在"设计"窗口中高亮显示。

（7）鼠标左键单击 完成向导删除所有高亮的面。

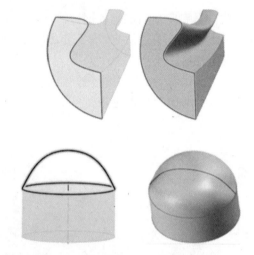

3. 填充工具可以使用周围的曲面或实体填充所选区域。填充可以缝合几何的切口，例如倒角、圆角、旋转切除、凸台、凹孔以及通过组合工具中的删除区域工具删除的区域。也可用于简化曲面边缘和封闭曲面以形成实体，具体操作步骤如下：

（1）鼠标左键单击曲面区域的边和实体区域的表面。

（2）激活 填充工具，快捷键为 F。

（3）（可选）使用 导向曲线向导选择曲线。

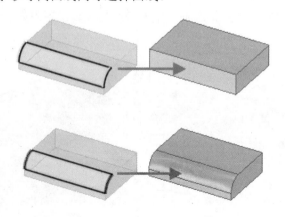

（4）鼠标左键单击✅完成向导删除所有高亮的面。

也可以在🔲草图模式下使用🔷填充工具填充已接近封闭但有许多小间隙的草绘直线，还可以在编辑布局时使用该工具。当草绘的面跨多条剖面线但切换到三维模式不希望剖面线分割曲面时，填充功能将非常有用。

4.3.4.3　合并/拆分

1. 🔷合并表面（Merge Faces）工具可以用一个新面代替两个或多个相邻面，从而为 CAE 分析导入更光滑的几何。

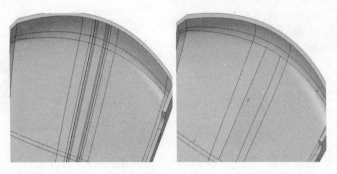

具体操作步骤如下：

（1）激活"修复"选项卡"调整"功能区中的🔷合并表面工具。

（2）鼠标左键单击两个或多个相邻面。

（3）（可选）使用🔷保持相切关系向导选择要与新表面匹配相切关系的表面。

（4）鼠标左键单击✅完成向导生成新面。

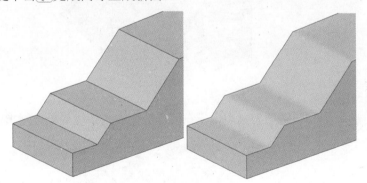

📖　🔷合并表面工具通过移除边的方法简化模型，用一个新面来代替选定的面，但这一工具会使得模型不易于再编辑。

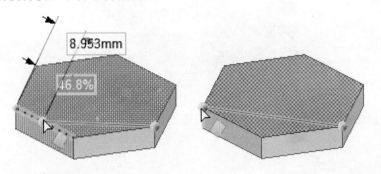

157

2. 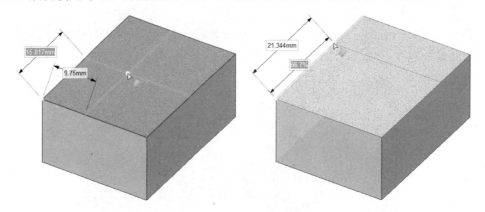拆分面（Split Face）工具可以对面进行分割，具体操作步骤如下：

（1）激活"设计"选项卡"相交"功能区中的拆分面工具。

（2）鼠标左键点选要拆分的面。

（3）默认使用UV 切割器点向导，在面内或边界处以粉色线表示切割线。

（4）（可选）使用垂直切割器点向导在要拆分面的一条边界处指定切割点的位置。

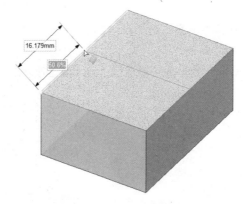

（5）（可选）使用两个刀具点向导在要拆分面的两条边界处分别指定切割点的位置。

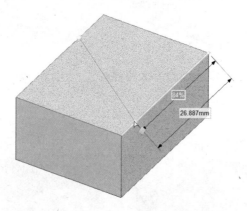

（6）使用选择结果向导可以删除不需要的切割线。

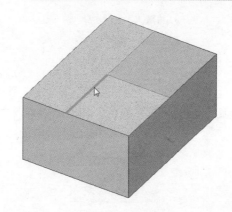

（7）按 Esc 键或鼠标左键单击"设计"窗口中的空白处完成拆分。

4.3.4.4　压印

为了在施加边界条件或仿真过程中留出加载和接触区域，需要对面进行压印操作，SpaceClaim 提供了三种工具以对应不同复杂程度的曲面：投影工具（Project）、压印工具（Imprint）、共享拓扑－合并。

1. 投影工具的具体操作可以参照 3.4.4 节。

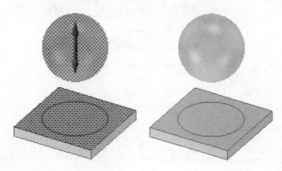

2. 压印工具探测并印记几何之间相接的面、边和点，使接触面有相同的边界形状，有利于接触区域得到相似的单元分布或共节点，从而模拟和分析零件之间力的传递。

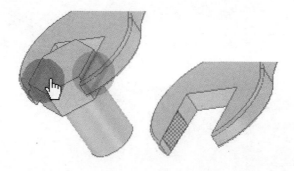

具体操作步骤如下：

（1）打开或显示需要压印的几何。

（2）激活"准备"选项卡"分析"功能区中的压印工具。

（3）（可选）使用"修复"选项卡的"浏览"功能区对探测到的压印区域逐一查看。

（4）鼠标左键单击☑完成向导生成新面。

3．在"属性"面板中的"共享拓扑结构"下拉列表框中设置合并可以实现装配体公共区域的压印，具体操作参照 4.4.1 节。

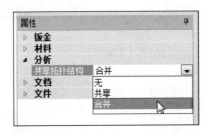

4.3.4.5　重复

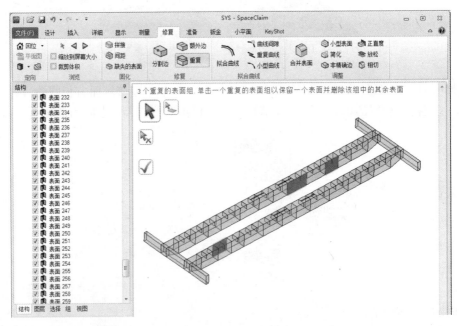

在关于壳的前处理过程中，当出现完全或部分重叠的壳时用户不易用肉眼检查，[图]重复（Duplicate）工具能够快速找到并删除重复的部分，具体操作方法如下：

（1）打开并显示需要被检查的几何。

（2）激活"修复"选项卡"修复"功能区中的重复工具。

（3）自动在"设计"窗口显示的模型中查找并高亮显示重复的表面，隐藏的结构是不被查找的。

（4）鼠标左键点选或框选"设计"窗口中的高亮区域即可删除重复的面。

（5）（可选）使用移除向导，鼠标左键点选或框选希望保留的表面，便不在"设计"窗口中高亮显示。

（6）鼠标左键单击完成向导删除所有高亮的面。

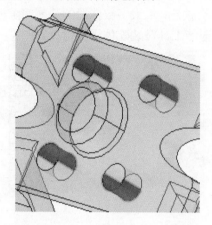

4.3.4.6　替换

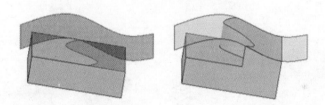

替换（Replace）工具可以将一个或多个源面替换成实体的若干目标表面。源面可以是圆柱面、圆锥面、平面或曲面。具体操作步骤如下：

（1）激活"设计"选项卡"编辑"功能区中的替换工具。

（2）选择需要被替换的目标表面。

（3）使用源向导。

（4）选择被替换目标表面的源表面。

（5）鼠标左键单击完成向导以使用源表面替换目标表面。

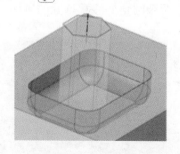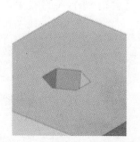

4.3.5 体

对于体的前处理可以按装配级别分为零件和组件两级。对于零件的刚度分析，通常是简化几何或删除不关注的小特征，如常见的凸台、孔、圆角等，可以使用 🔲 填充工具、🔲 圆角工具、🔲 面工具，这些工具应用在特殊的几何形式中可能会得到不同的效果；对于零件的强度分析，通常是细化几何，如添加焊缝、圆角等，可以使用 🖌 拉动工具。

由多个零件装配而成的组件常会出现干涉或装配间隙，有些干涉会被保留以便在流体中作叠加网格的分析，有些干涉会被删除；大多数情况的装配间隙应去掉使零件有较好的初始接触状态。可以使用 3.8.2 节的干涉工具对装配体进行检查。

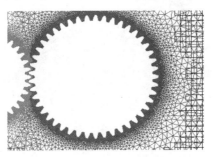

4.3.5.1 孔

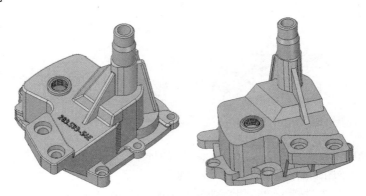

通过"选择"面板批量筛选出需要删除的孔或具有相同特性的对象，然后使用"准备"选项卡"删除"功能区中的 🔲 填充工具、🔲 面工具，快捷键为 Delete。

4.3.5.2 圆角

删除倒圆角有多种方式，如 🔲 填充工具、🔲 圆角工具、🔲 面工具等。上述工具应用在特殊的几何形式中可能会得到不同的效果，对于复杂圆角要注意移除的顺序。

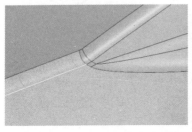

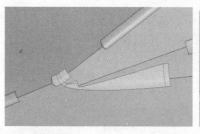 

每次填充一个圆角时还会创建一个圆角组。只要原始边某些部分仍位于设计中，就可以重新附着圆角。

  📖 当操作无法执行的复杂圆角时，可以尝试填充一个圆角。如果移除成功，↻撤销并选择该圆角以及下一个圆角，↻撤销继续向选择的面添加圆角，然后尝试进行填充直到填充失败。至此，即确定导致问题的圆角之一。接下来，填充所有可以成功填充的圆角。最后，以圆角相切的另一个方向重复此过程。一旦填充了所有圆角（导致问题的一个或两个圆角除外），应选择导致问题的圆角及其两条边，然后激活🗱填充工具。此过程允许延伸邻边的更多选项来相交和封闭该圆角，或者使用🗱圆角工具将无法直接填充的圆角拆分成孤立的，最后框选一起填充。

1. 🗱填充工具可以移除和覆盖所选的圆角面，延伸相邻面，特别是在移动被圆角包围的凸台而该凸台由于圆角而无法移动的时候。具体操作步骤如下：

（1）选择圆角或倒角。

（2）激活"设计"选项卡"编辑"功能区中的🗱填充工具删除圆角，快捷键为 F。

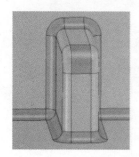 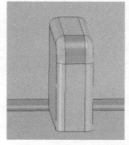 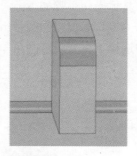 

（3）在"组"面板中自动创建已填充的圆角的分类。

2. 🗱圆角工具仅比🗱填充工具多一个拆分圆角的功能，具体操作步骤如下：

（1）激活"准备"选项卡"删除"功能区中的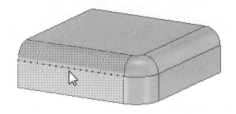圆角工具。

（2）光标停留在圆角侧边预览拆分圆角的大小和位置。

（3）鼠标左键单击圆角侧边执行拆分。

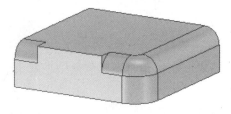

📖 可以在结构树中鼠标左键点选零件以选择零件的所有圆角，或者鼠标左键框选多个圆角。

（4）（可选）在"选项"面板中设置拆分圆角的百分比，默认为 60%。

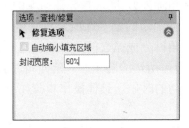

3．重新附着圆角，具体操作步骤如下：

（1）鼠标右键单击"组"面板中的圆角组。

（2）从弹出菜单中选择"重新附着圆角"选项。

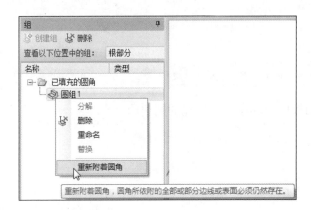

4.3.5.3　干涉

SpaceClaim 提供两种探测及处理干涉几何的工具：一个是体积工具，探测实体之间的干涉并计算干涉体积的质量属性，可以在干涉区域创建实体；另一个是干涉工具，探测实体之间的干涉，默认将干涉区域从较大的主体中删除。如果将干涉区域从较小的主体中删除，可以在选项面板勾选从较小主体中去除，也可以先使用体积工具创建干涉区域的实体，再用组合工具切割实体。

1. 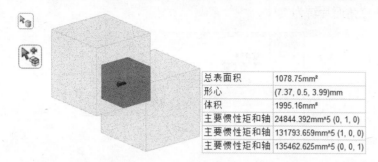 体积工具能够在干涉区域的体积创建新的实体，具体操作步骤参照 3.8.2.2 节。

总表面积	1078.75mm²
形心	(7.37, 0.5, 3.99)mm
体积	1995.16mm³
主要惯性矩和轴	24844.392mm^5 (0, 1, 0)
主要惯性矩和轴	131793.659mm^5 (1, 0, 0)
主要惯性矩和轴	135462.625mm^5 (0, 0, 1)

2. 干涉工具能够将干涉区域的体积删除，具体操作步骤如下：

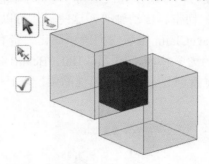

（1）打开并显示需要被检查的几何。

（2）激活"准备"选项卡"删除"功能区中的 干涉工具。

（3）鼠标左键单击需要被删除的高亮部位。

　 如果两个主体大小一致，那么干涉区域将从结构树中排序靠下的主体中删除。

4.3.5.4　三角面片

三角面片在逆向工程和拓扑优化中较为常见，在前处理中主要是简化三角面片将其转为实体。

简化三角面片可以参照实例五。鼠标右键单击结构树中的文件，选择"转换为实体"可以快速将封闭的三角面片转为实体。

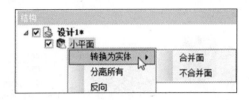

4.3.6 梁

工程中常用到纵向（长度方向）尺寸远比横向（垂直于长度方向）尺寸大得多的构件，如梁、柱、杆、加强筋、绳、韧带、传动轴等。这些构件可以组成如支架、框架、桁架等多种结构或机构形式。在 SpaceClaim 中将它们统一简化为带有截面属性的梁，在 ANSYS Workbench 中设置为梁或杆的力学特征，如 Link180、Beam188 等。SpaceClaim 可以基于等截面的实体抽梁，也可以直接创建带有截面属性的梁。其工具位于"准备"选项卡的"横梁"功能区。

轮廓（Profile）工具：可以为当前选择的边或线设置横截面，或者为当前选择的梁更换横截面，也可以在未选择任何对象的情况下为即将创建的梁设置横截面。

📖 轮廓中的标准库（Standard Libary）为 ANSYS 17.0 版本新增。

创建（Create）工具：可以基于边、线或两点之间创建梁。需要选中一个轮廓，该工具才可以被激活。

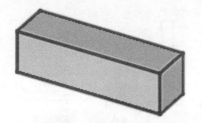

抽取（Extract）工具：用于将实体几何抽取成梁，实体的纵向必须具备等截面特征。

定向（Orient）工具：用于设置梁单元坐标方向。

显示（Display）工具：将梁的显示方式切换为线或轻量化实体。

4.3.6.1　线或边转梁

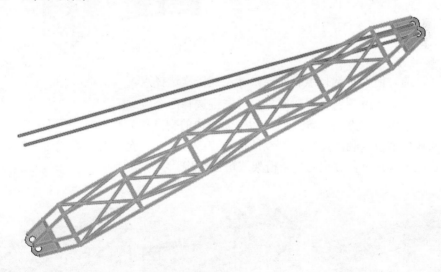

基于已有轮廓库创建梁模型的具体操作步骤如下：

（1）激活"准备"选项卡"横梁"功能区中的 轮廓工具，在下拉菜单中选择一个横截面。

（2）激活该功能区中的 创建工具。

（3）使用 选择点链向导选择边，鼠标左键点选或框选线、面的边或实体的边以创建梁模型。

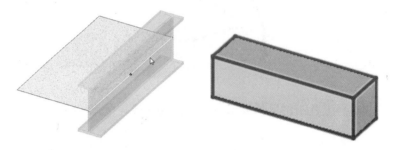

　　📖 梁会依附于几何主体的形状，调整面或编辑实体时梁会相应变形。

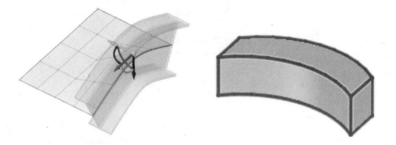

（4）（可选）使用 选择点链向导鼠标左键依次选择点。

（5）（可选）使用 选择点对向导鼠标左键选择两个点。

　　📖 梁也依附于端点的位置，如将▢平面与边的交点作为端点时▢平面的移动将带动梁的连接节点。利用此特点可以便捷地修改设计，甚至进行参数优化分析。隐藏主体就能够获得可参数化的复杂桁架或塔架结构。

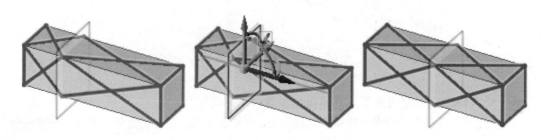

（6）"结构"面板的结构树将所建的梁放在"横梁"文件夹中，并且横梁始终与主体在同一个组件里。结构树将新建"横梁轮廓"文件夹管理设计中的所有横截面。

4.3.6.2　实体抽梁

在实际工程中，比较常见的是基于实体几何抽梁，其中可能需要对部分实体进行适当的简单化处理。抽梁的具体操作步骤如下：

（1）激活"准备"选项卡"横梁"功能区中的抽取工具。

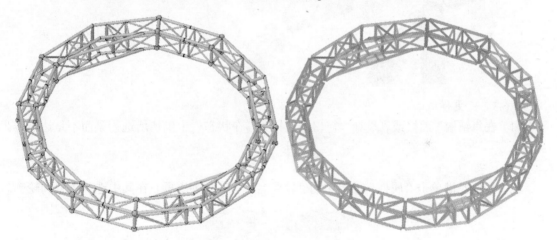

（2）鼠标左键点选或框选"设计"窗口中的实体几何。

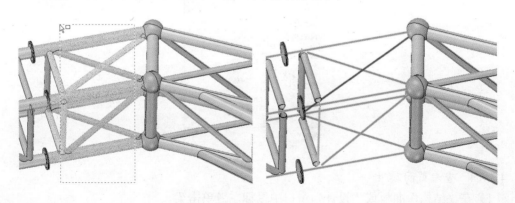

（3）显示梁为轻量化实体。

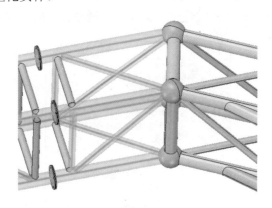

📖 实体几何外表面的额外边等特征需要用 4.3.3.2 节提到的工具作适当的简化处理以让 SpaceClaim 分析出截面轮廓，端部的特征通常可以不处理。

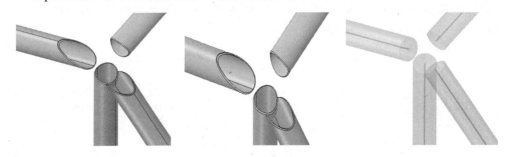

4.3.6.3 变更横截面

（1）在"结构"面板或"设计"窗口中选择梁，在状态栏中确认所选为梁而不是边或线。

（2）鼠标左键单击"属性"面板中的"轮廓名称"下拉列表框，在其中选择需要的轮廓。

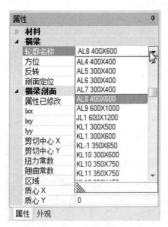

4.3.6.4 查看截面属性

（1）在"结构"面板或"设计"窗口中鼠标左键单击梁。

（2）在"属性"面板中的"属性"栏查看截面属性。

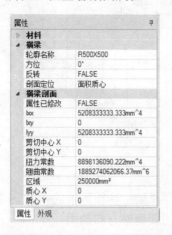

4.3.6.5　编辑截面轮廓

（1）鼠标右键单击"结构"面板中的横梁轮廓，选择"编辑横梁轮廓"选项。

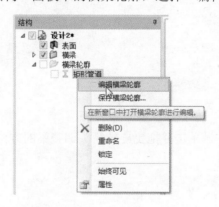

（2）该轮廓草图会在新的"设计"窗口中打开。

（3）在"组"面板中编辑尺寸参数或者在"设计"窗口中直接对截面进行设计变更。

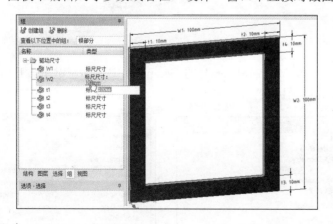

4.3.6.6　调整方向

为了在后处理中方便统一梁的内力方向，需要统一梁的单元坐标系。这需要在 SpaceClaim 中将梁的方向统一。

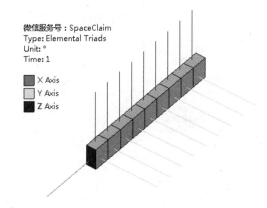

（1）激活"准备"选项卡"横梁"功能区中的 定向工具。

（2）鼠标左键点选或框选需要调整方向的梁。

（3）调整纵向。鼠标左键单击蓝色箭头可以反转梁的方向或者在"属性"面板的"反转"栏中设置。

（4）调整横向。鼠标左键单击并拖曳旋转箭头调整梁的方位或者在"属性"面板的"方位"栏中键入角度。

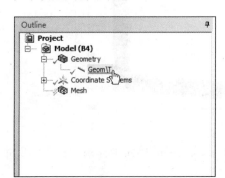

（5）（可选）在 ANSYS Workbench 的 Geometry 中鼠标左键单击几何，在 Detail 窗口的 Definition 栏中设置局部坐标系。

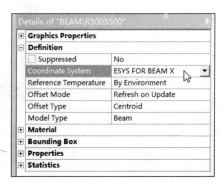

（6）（可选）通过 Workbench 后处理的 Elemental Triads 确认单元坐标系方向。

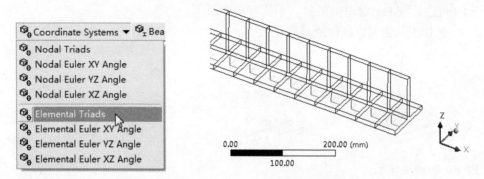

 📖 在 SpaceClaim 中梁的纵向为 Z 方向，对应在 Mechanic 中梁单元的纵向为单元坐标系的 X 方向。

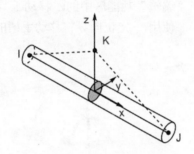

4.3.6.7　自动延伸梁

  抽梁后的端点不连接，可以使用 ◈ 延伸工具将端点沿纵向延伸或裁剪使梁相交，也可以使用 ⚒ 移动工具将端点在各个方向移动。◈ 延伸工具可以延伸或裁剪容差范围内的线或梁。具体操作步骤如下：

（1）打开或显示需要检查的几何。

（2）激活"准备"选项卡"分析"功能区中的 ◈ 延伸工具。

（3）（可选）在"选项"面板中设置探测容差及操作。

（4）鼠标左键单击 ☑ 完成向导延伸。

（5）（可选）按 Esc 键退出工具，不执行操作。

📖 ◈ 延伸工具也可以延伸或裁剪面或壳。

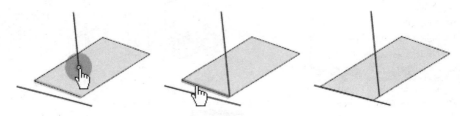

4.3.6.8　手动延伸梁

🐾 移动工具可以将端点移动到空间任意位置或用 🖐 直到向导与其他特征对齐。在 ANSYS 17.0 版本中可以将多个点连接到指定位置。具体操作步骤如下：

（1）激活"设计"选项卡"编辑"功能区中的 🐾 移动工具。

（2）选择若干个梁的端点，使用 🐾 定位向导将移动手柄的原点放到其中一个梁的端点。

📖　定位后手柄的原点由球形变为方形。

（3）使用 🖐 直到向导指向对齐到的线或梁上。

（4）所选中的端点将对齐到原点所在线的延长线方向或最近位置。

4.3.6.9　延伸后修正

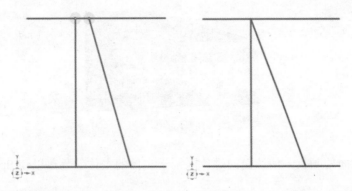

实体抽梁并延伸后，梁会变长且角度偏离，这将导致刚度比实际结构略小。利用  分割工具可以分割实体梁干涉部分，将分割出的梁在"属性"面板中设置"刚性"。

📖　分割工具为 ANSYS 17.2 版本中的新增工具。

4.3.6.10　自定义截面

默认轮廓库中的横截面种类有限，可以在轮廓库中直接选取。

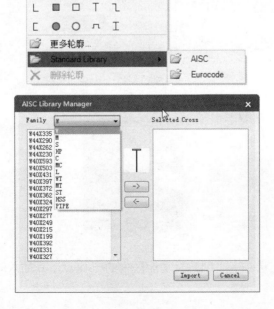

（1）创建或导入实体。

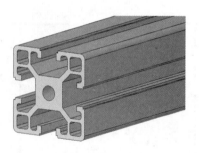

（2）改变截面的颜色，使该面的颜色区别于实体的主体颜色，以使 SpaceClaim 识别出截面。

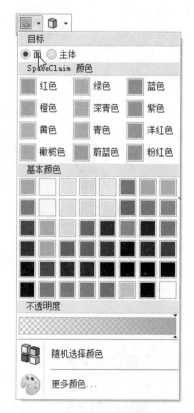

（3）使用"设计"选项卡"创建"功能区中的 ∠ 原点工具插入局部坐标系。

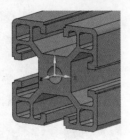

（4）保存成.scdoc 格式文件。

（5）在轮廓工具的"更多轮廓"中选择上一步保存的文件。

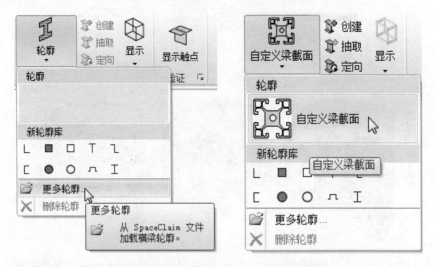

（6）鼠标左键单击线，赋予截面轮廓，将其变为梁。

（7）激活"准备"选项卡 ANSYS Workbench 功能区中的 Logo 进入 ANSYS。

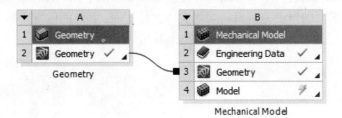

（8）Meshing 剖分单元并查看截面。

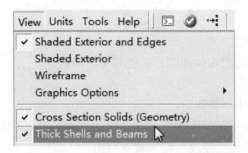

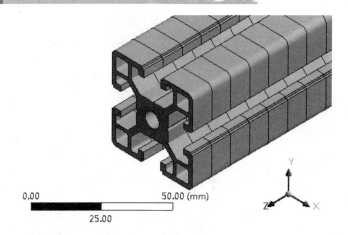

4.3.7 壳

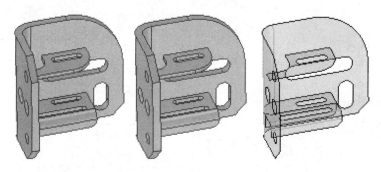

工程设计中也会经常用到厚度比其余两个方向尺寸在数量级上小得多的构件，如板、壳或膜。带有厚度的平面称为板，带有厚度的曲面称为壳。

中间面（Midsurface）工具可以对有偏置面的实体抽中面，并将选中的壳延伸和裁剪至相邻面，也可以依据面的厚度范围自动探测实体的偏置面。对应的偏置距离将被存储到"属性"面板的厚度中，该值可以导入 ANSYS Workbench 用于 CAE 分析。

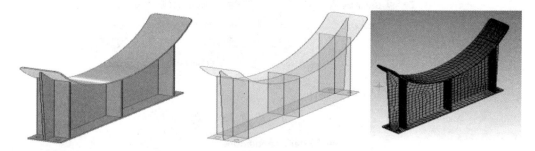

目前不支持对变截面实体抽壳，只能对中性层抽壳。

4.3.7.1　面转为壳

将已有面转为壳的具体步骤如下：

（1）在结构树中鼠标左键单击面或者在"设计"窗口中鼠标左键三连击面。

（2）在"属性"面板的"厚度"栏中键入数值。

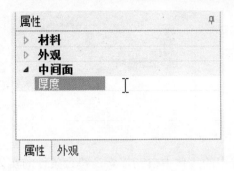

（3）结构树中面的名字后缀的括号中显示了厚度值。

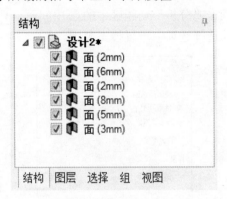

4.3.7.2　实体手动抽壳

在实际工程中比较常见的是基于实体几何抽壳，具体操作步骤如下：

（1）激活"准备"选项卡"分析"功能区中的 中间面工具。

（2）使用 选择表面向导鼠标左键单击实体一侧的表面。

（3）鼠标左键单击与步骤（2）对应的另一侧表面，如果两个表面间距相等，两个表面将高亮显示。

（4）使用 添加/删除面向导选择其他表面或删除检测到的表面。

（5）（可选）使用 选择表面向导继续添加实体表面。

（6）（可选）通过"选项"面板设置创建选项。

（7）使用 完成向导生成壳，快捷键为 Enter。壳存放在结构树中的"激活"组件下，厚度值显示在名字后缀的括号中。

（8）（可选）通过"属性"面板可以编辑该壳的厚度。

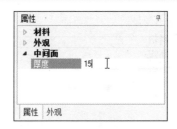

4.3.7.3 实体自动抽壳

可以根据厚度范围在选中的实体中自动搜索，符合条件的实体被抽成壳，具体操作步骤如下：

（1）激活"准备"选项卡"分析"功能区中的 🗐 中间面工具。

（2）在"选项"面板的选择选项中设置搜索范围。

（3）使用 🖈 选择表面向导鼠标左键框选实体。

（4）在激活组件中符合搜索范围的实体表面将被高亮。

（5）鼠标左键单击 ✅ 完成向导生成壳，快捷键为 Enter。

4.3.7.4 延伸面/焊缝

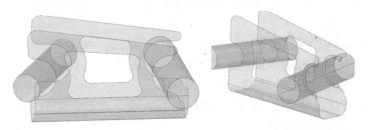

🗾 焊缝工具、🗾 延伸工具和 🗾 移动工具都可以连接壳。🗾 焊缝（Weld）工具可以自动在壳－壳或壳－实体的连接区域创建焊缝；可以在延伸区域创建单独的零件，既方便赋予焊接影响区的材料属性，也可以在面外方向延伸焊缝。后两种工具请参照 4.3.6.7 节。

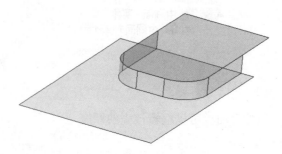

焊缝工具的具体操作步骤如下：

（1）激活"准备"选项卡"分析"功能区中的焊缝工具。

（2）使用目标边向导，鼠标左键点选或 Ctrl+鼠标左键多选焊缝的边。

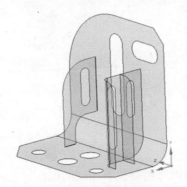

（3）使用目标面向导，鼠标左键点选或 Ctrl+鼠标左键多选焊缝连接的面。

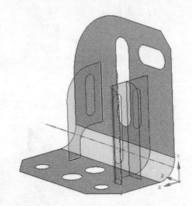

（4）鼠标左键单击☑完成向导创建焊缝。

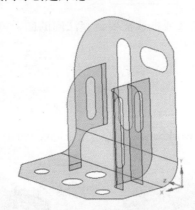

📖　焊缝工具为 ANSYS 17.0 版本中新增的工具。

4.3.7.5　法向调整

法线工具可以查看面或壳的法线方向，也可以反转面的法线，这样便于在 ANSYS Workbench 中统一单元坐标系方向、施加载荷方向等前后处理。

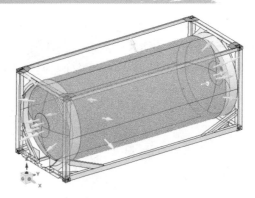

具体操作步骤如下：

（1）激活"测量"选项卡"质量"功能区中的法线工具。

（2）Ctrl+鼠标左键点选或框选需要检查法线的面。

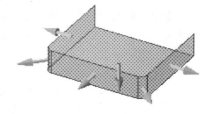

（3）（可选）可以通过"选项"面板设置法线的显示方式为箭头指向或者正反面不同颜色。

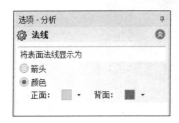
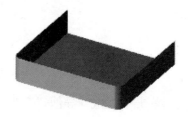

（4）（可选）鼠标左键点选或框选需要调整法向的面，鼠标右键单击并在弹出菜单中选择"反转面的法线"选项。

（5）（可选）在 ANSYS Workbench 后处理的 Elemental Triads 中查看坐标方向。

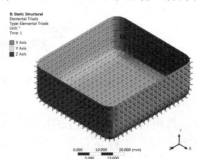

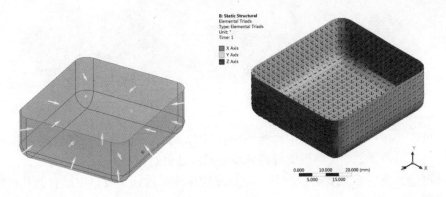

4.3.8　场

在作流场、电场或磁场分析时，需要创建场的实体几何。SpaceClaim 根据腔的内/外提供了两个工具：创建外场的⬚外壳（Enclosure）工具和创建内场的⬚体积抽取（Volume Extract）工具。

创建出的场与实体零件一样可以被修改，存放在结构树外壳组件中，可以依据几何尺寸的变化自动更新，便于参数优化分析。

4.3.8.1　外场

⬚外壳工具可以定义立方体、圆柱和球三种形状的外场，具体操作步骤如下：

（1）激活"准备"选项卡"分析"功能区中的⬚外壳工具。

（2）鼠标左键点选或框选"设计"窗口或结构树中的实体，预览透明的外场。

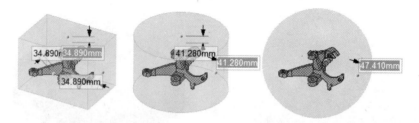

（3）（可选）在"选项"面板中选择外场的形状，如箱、圆柱、球或自定义形状。

（4）（可选）在"选项"面板中选择外场的尺寸是否对称等。

（5）（可选）使用 设置方位向导，鼠标左键单击"设计"窗口中已有的几何特征以调整外场的创建方向。

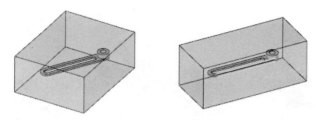

（6）鼠标左键单击各尺寸并键入外场边界距几何特征的最小距离，快捷键为 Tab。

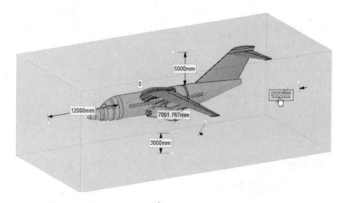

（7）鼠标左键单击 完成向导创建外场，存放于结构树中新建的"外壳"组件。

（8）（可选）当步骤（2）中所选的实体有变更时，可以鼠标右键单击外壳零件并选择"更新外壳"选项。

📖 当步骤（2）中的实体尺寸在 Workbench 的 DX 中作为设计变量时，外壳可以自动更新。

4.3.8.2　内场

指定出入口或腔内表面就可以创建内场，具体操作步骤如下：

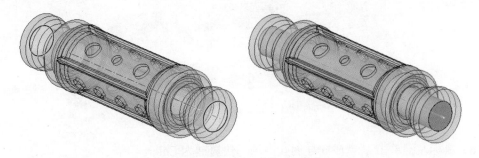

（1）激活"准备"选项卡"分析"功能区中的 ⬡ 体积抽取工具。

（2）使用 ⬚ 选择表面向导选择场的出口或入口的端面，探测边。

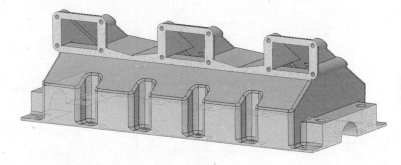

（3）（可选）使用 ⬚ 选择边向导直接选择出口的边和入口的边。

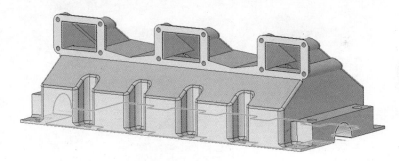

📖　可以使用状态栏中的 ▶ 恢复选择辅助选择多个边。

（4）（可选）使用光标停留的预览内表面查看场的分布并调整滑块检查场是否有泄露。

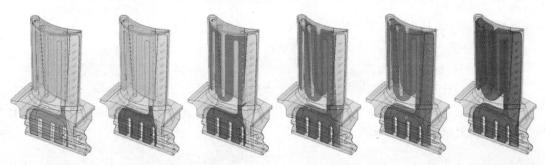

（5）使用选择矢量表面向导选择若干腔内表面以确定场的创建区域。

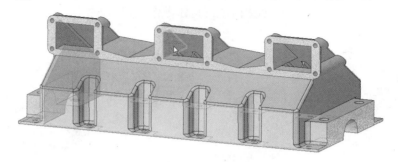

（6）鼠标左键单击✅完成向导创建内场，快捷键为 Enter。

（7）（可选）当几何有更新时，可以鼠标右键单击结构树，在弹出菜单中选择"更新环境中的体积体"选项。

4.3.8.3　过渡接头

融合工具可以用于创建流场分析中的过渡接头。它能够将两个或多个表面创建过渡实体，可以设置路径对过渡实体的导向，也可以在创建后用调整面工具造型，详见 3.3.6 节。具体操作步骤如下：

（1）激活"设计"选项卡"编辑"功能区中的融合工具。

（2）选择第一个表面。

（3）Ctrl+鼠标左键单击第二个表面。

　在"设计"窗口中将预览融合后的实体形状。

（4）（可选）Alt+鼠标左键单击任一表面添加相切约束，也可以 Alt+鼠标左键单击"设计"窗口中的空白处取消相切约束。

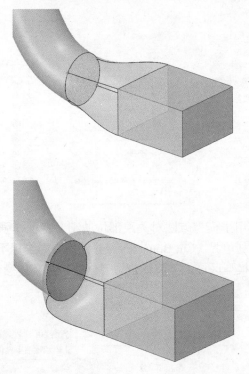

（5）（可选）在光标停留处设置过渡选项，包括规则的线段等过渡方式的选择以及新建的过渡实体是否与相邻实体组合等。

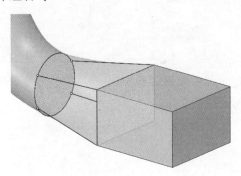

（6）激活☑完成向导生成过渡区域。

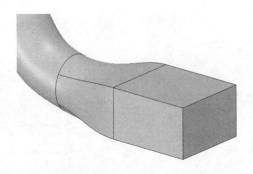

4.3.9　子模型

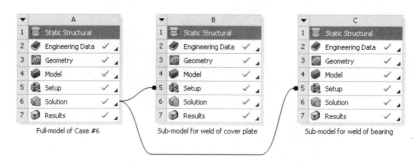

Full-model of Case #6　　Sub-model for weld of cover plate　　Sub-model for weld of bearing

在结构分析中常会使用子模型方法对关注部位的细节特征作强度分析。子模型对几何前处理的主要工作之一是切割边界（Cut Boundary）并保持全局坐标不变。SpaceClaim 的体积剪裁工具能够便捷地抽取子模型区域，并将切割边界创建组。具体操作步骤请参考 4.3.1.2 节中的"体积剪裁"。

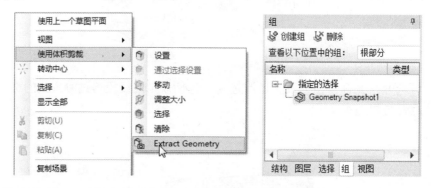

子模型区域不仅可以是实体－实体，也可以是壳－实体或梁－实体。体积剪裁可以基于壳或梁的截面属性创建所选区域的实体。

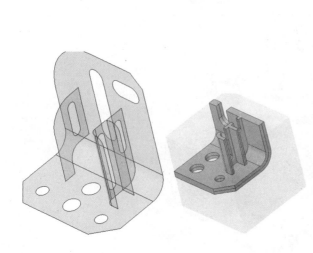

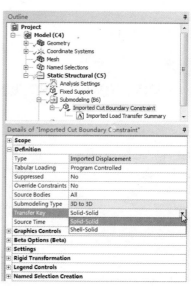

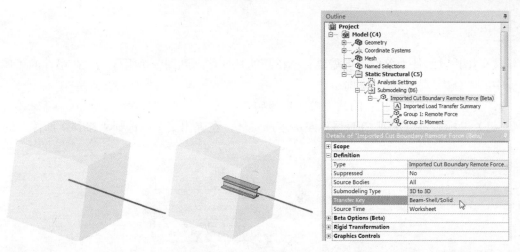

📖 🔓Extract Geometry 为 ANSYS 17.0 版本新增，使平面剪裁和体积剪裁能够抽取实体子模型。

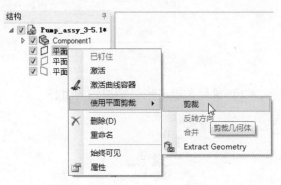

4.4   共享拓扑

共享拓扑在创建 CAE 模型时将几何相连的区域使用共节点的方式连接。可以连接相同自由度数量的单元，也可以连接不同自由度数量的单元，如实体－实体、实体－壳或壳－梁。

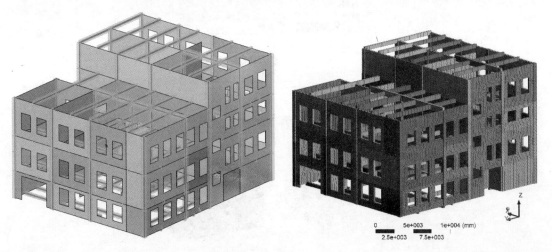

4.4.1 设置

共享拓扑以组件为单位：将需要共享拓扑的几何移动到同一个组件中，在组件的"属性"面板中的"分析"栏设置共享即可。

1. 实体－实体共享拓扑的具体操作步骤如下：

（1）鼠标右键点选或 Ctrl+鼠标左键多选实体，在弹出菜单中选择"移到新部件"选项。

（2）鼠标左键点选或 Ctrl+鼠标左键多选结构树中的组件。

（3）"属性"面板中设置"共享拓扑结构"为"共享"。

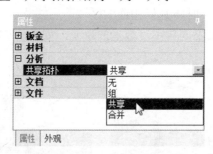

（4）在 ANSYS Workbench 中剖分单元查看共节点。

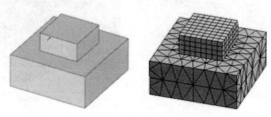

2．实体－壳或壳－梁共节点时需要设置混合导入项，详见 2.3.10 节。

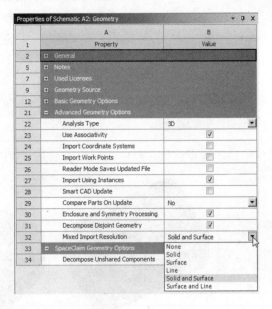

4.4.2　检查

可以在有限分析流程的三个环节检查共享拓扑：第一个环节是在导入 ANSYS Workbench 之前，使用 SpaceClaim 中的 显示触点（Show Contact）工具检查边或点的共节点情况；第二个环节是在几何导入 ANSYS Workbench 之后，使用 Edge Coloring 检查边或点的共节点情况；第三个环节是在 ANSYS Meshing 中剖分单元之后，使用 Annotation Preferences 检查单元面、边或点的共节点是否成功。可在同一流程中实现上述三个环节，具体步骤如下：

（1）在组件的"属性"面板中设置"共享拓扑结构"栏。

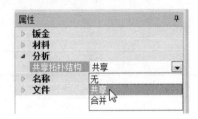

（2）激活"准备"选项卡"验证"功能区中的 显示触点工具。

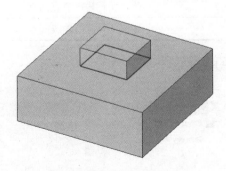

（3）（可选）在光标停留处设置检查项。

（4）在"设计"窗口中显示检查结果，蓝色线或点表示共节点成功。

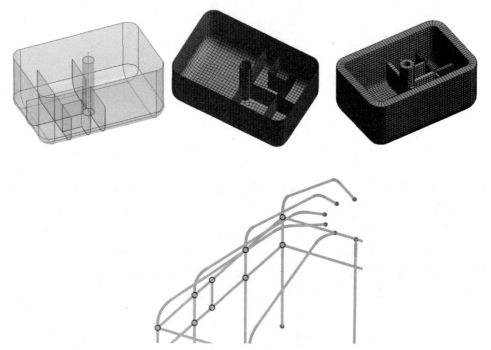

	选项	颜色	说明
边	边接合（Edge Junction）	蓝	实体－壳、壳－梁可以共享节点的边
	层边（Laminar Edge）	红	壳的自由边
	自由梁（Free Beam）	黄	自由梁
顶点	梁交点（Beam Junction）	蓝	共享节点的点
	梁端点（Beam End）	红	自由端或端点释放

（5）进入 ANSYS Workbench。

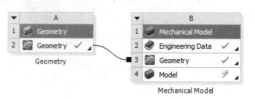

（6）（可选）激活工具栏中的 Edge Coloring，检查几何边或点的连接情况。

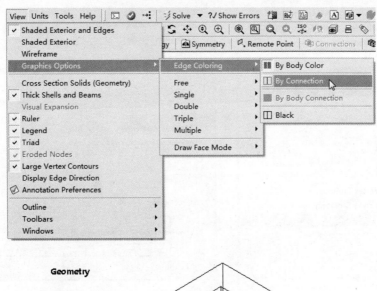

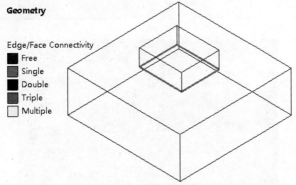

（7）剖分单元。

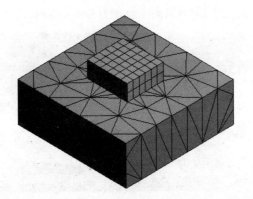

（8）激活工具栏中的 Annotation Preferences 显示节点编号，确认不同位置只有一个节点，即节点编号不重合。

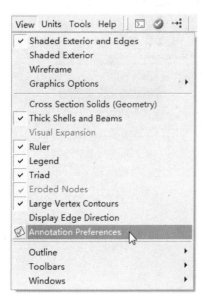

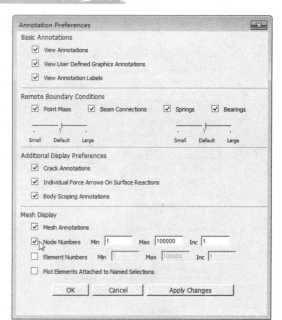

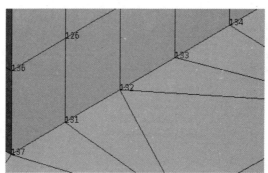

（9）（可选）使用工具栏中的 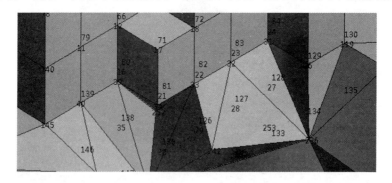 剖面工具剖开单元，查看内部共节点情况。

4.5　其他前处理

SpaceClaim 可以与 ANSYS Workbench 无缝传递数据，包括几何参数、线体截面属性、面体截面厚度、材料属性、局部坐标系、命名集等。

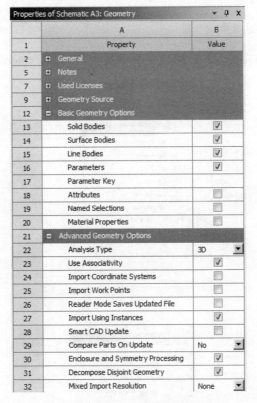

SpaceClaim 与 ANSYS 多个版本都能够自动配置几何接口。

ANSYS 接口

📖　ANSYS 16.1 版本以后，SpaceClaim 只能向同版本传递数据。

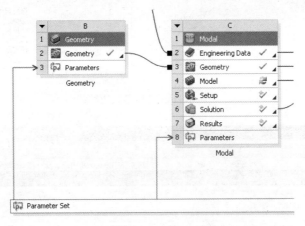

导入 Workbench 界面

4.5.1 参数互动

SpaceClaim 虽然是直接建模，但可以定义参数与 Design Exploration 联合作参数优化。

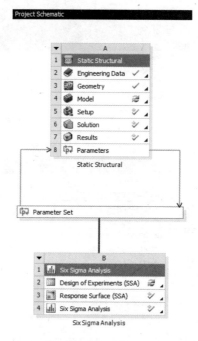

4.5.1.1 尺寸参数化

使用 ✏️ 拉动工具的 📏 刻度尺选项可以实现尺寸参数化，可以遵守镜像、阵列等隐藏约束条件。

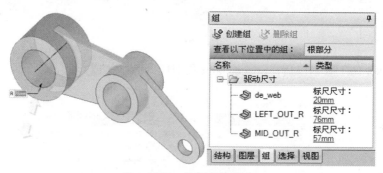

SpaceClaim 几何参数驱动

	A	B	C	D	E	F
		P1 - ds_web	P2 - LEFT_OUT_R	P3 - MID_OUT_R	P6 - Total Deformation Maximum (mm)	P5 - Geometry Mass (kg)
2	Optimization Study					
3	Objective	No Objective	No Objective	No Objective	Minimize	Minimize
4	Target Value					
5	Importance	Default	Default	Default	Default	Higher

Table of Schematic B4: Optimization

Workbench 中参数批量设置

4.5.1.2　位置参数化

除了尺寸参数化之外，对几何特征之间的相对关系进行分析也是实际设计过程中经常涉及的工作，如螺栓孔的分布位置（直线或角度）、装配体的相对位置等，使用 移动工具可以实现。下图为螺栓孔分布位置的参数化。

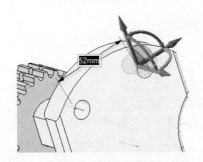

特征之间的直线距离

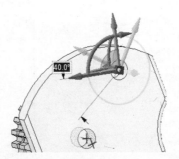

特征之间的角度关系

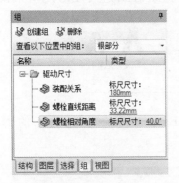

SpaceClaim 中的参数定义

Design Points			
A	B	C	D
N...	P1 - 装配关系	P2 - 螺栓直线距离	P3 - 螺栓相对角度
Current	180	33.22	40

Workbench 中的参数管理器

4.5.2　集合互动

ANSYS Workbench 的 Named Selections 可以用于单元剖分、定义边界条件等 CAE 分析环节，其可以包括边、面、实体的几何信息。SpaceClaim 的组与 Workbench 的 Named Selections 对应，可以单向传递数据。

（1）鼠标左键点选或框选几何特征。

（2）在"组"面板中单击"创建组"按钮，快捷键为 Ctrl+G。

（3）（可选）鼠标右键单击组可以分解组、删除组（快捷键为 Delete）、重命名（快捷键为 F2）、替换组。

（4）激活"准备"选项卡 ANSYS Workbench 功能区中的 ANSYS 进入 ANSYS Workbench。

（5）勾选 Properties of Schematic A2: Geometry 中 Basic Geometry Options 的 Named Selections 栏。

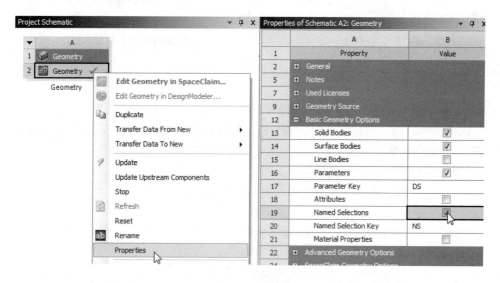

（6）（可选）删除 Named Selection Key 栏的关键字，可以将所有组导入 Workbench。

4.5.3　材料互动

SpaceClaim 中赋予的材料属性可以导入到 ANSYS Workbench 中。

（1）鼠标左键点选或框选零件，在"属性"面板中的"材料名称"栏中选择材料。

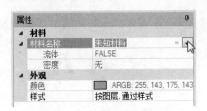

（2）在弹出的材料库中鼠标左键双击材料。

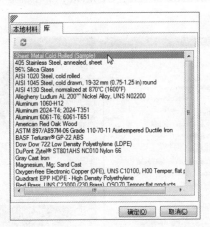

（3）（可选）创建新材料、复制材料、重命名或删除材料可以在"本地材料"选项卡中操作。

（4）"属性"面板中将显示所选材料的相关属性。

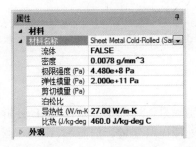

（5）激活"准备"选项卡 ANSYS Workbench 功能区中的 ANSYS 进入 ANSYS Workbench。

（6）勾选 Properties of Schematic A2: Geometry 中 Basic Geometry Options 的 Material Properties 栏。

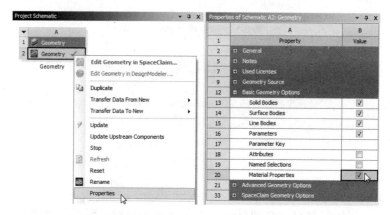

（7）在 Mechanical 中确认材料名称及属性。

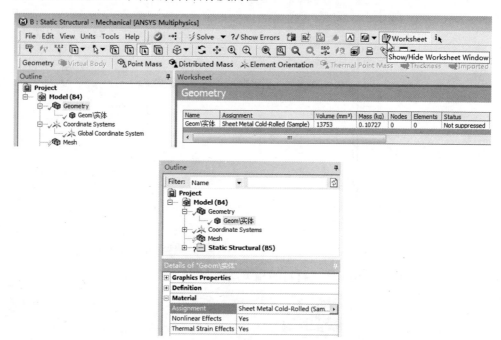

4.5.4　坐标互动

除了几何模型装配的全局坐标系，局部坐标系在 CAE 分析中也是必需的，如定义载荷方向、单元坐标、节点坐标、后处理提取变量、剖面等。

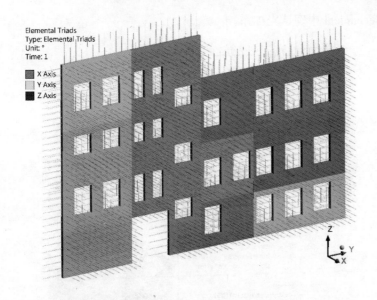

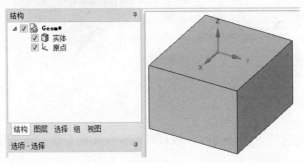

SpaceClaim 可以使用 原点工具创建局部坐标系，如 3.5.4 节所述。结合使用 移动工具将坐标系移至任何位置或转动任意方向。导入 ANSYS Workbench 的具体操作步骤如下：

（1）创建局部坐标系。

（2）勾选 Properties of Schematic A2: Geometry 中 Advanced Geometry Options 的 Import Coordinate Systems 栏。

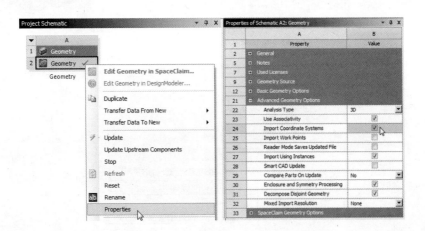

（3）在 Mechanical 中确认坐标系。

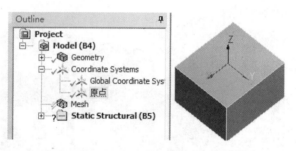

（4）（可选）将坐标系类型由直角坐标系转为柱坐标系。

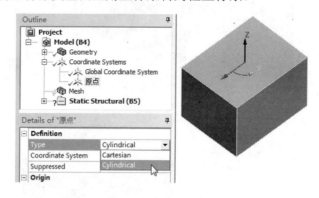

4.5.5 场互动

已经提取出的流场区域可以随固体区域尺寸的变化实时更新而无须重新提取。

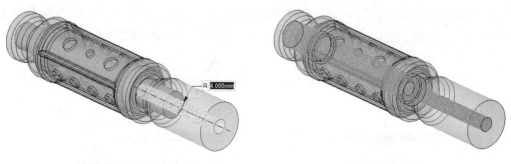

流道几何尺寸修改   内流场自动更新

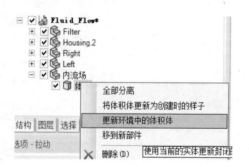

4.5.6　二维分析

如果模型及其工况允许忽略三个方向其中一个的影响，则可以进行二维分析以节约计算时间和资源。二维分析在工程问题中比较常见，如平面应变、轴对称、平面应力、广义平面应变等。用 SpaceClaim 基于 XY 平面创建 2D 几何模型即可，一旦关联二维分析，则不能转换为三维分析；反之，也不能将三维分析转换为二维分析。对于轴对称分析，施加旋转角度时其方向只能沿 Y 轴。

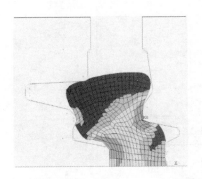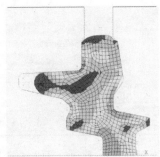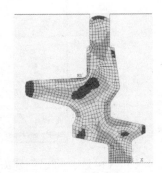

具体操作步骤如下：

（1）在 ANSYS Workbench 的 Project Schematic 中放入一个分析结构或热学分析 CELL。

（2）设置 Properties of Schematic A3: Geometry 中 Advanced Geometry Options 的 Analysis Type 栏为 2D。

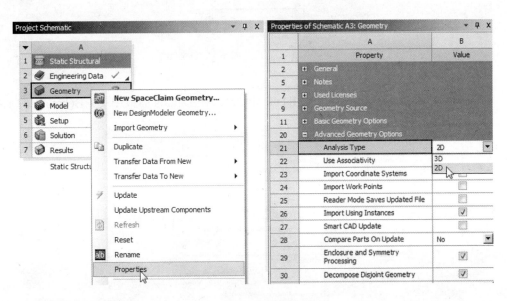

（3）鼠标右键单击 A3: Geometry，选择 New SpaceClaim Geometry 进入 SpaceClaim 界面。

（4）SpaceClaim 默认草图是在 XZ 平面内，草图编辑中使用 选择新草图平面工具将草图转到 XY 平面创建几何。

📖　参照 2.3.9 节修改默认草图方向。

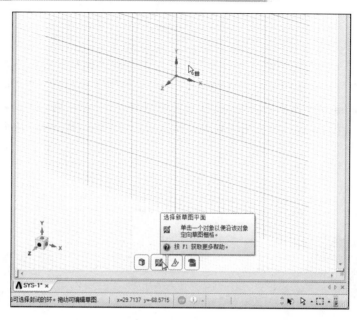

（5）（可选）将已创建好的面使用 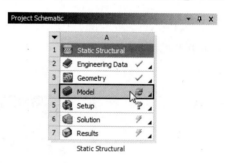 移动工具旋转到 XY 平面。

（6）回到 ANSYS Workbench，鼠标左键双击 Model 进入 Mechanical。

Static Structural

（7）鼠标左键单击 Outline 窗口中的 Geometry，在 Details 面板中 2D Behavior 的下拉列表框中设置分析类型。

📖　Plane Stress（默认）：平面应力假定厚度方向应力为 0，应变不为 0，一般用于厚度方向尺寸远小于面内方向尺寸的结构。在相应的 Thickness 域中可以设置厚度值。

Axisymmetric：轴对称假定模型及其载荷可以看作二维截面绕轴旋转 360°而成。

Plane Strain：平面应变假定厚度方向的应变为 0，应力不为 0，一般用于厚度方向尺寸远大于面内方向尺寸的结构。

Generalized Plane Strain：广义的平面应变假定在厚度方向的变形区域是有限长的（标准平面应变假定为无限长）。因此，对于分析厚度方向有尺寸但建模时不考虑的问题，广义的平面应变能得到更真实的结果。

By Body：允许对单个体设置其二维分析时的选项（平面应力、平面应变或轴对称）。在目录树中选择单个体时，在其对应的细节面板中会出现二维分析的选项。

5

模型处理实例解析

实例一　基于 2D 图纸创建 3D 模型

　　越来越多的生产单位开始有仿真需求，其工作量较大的环节之一是基于 2D 图纸创建 3D 模型，确切地说主要工作量是草图及组装。SpaceClaim 可以将 2D 图纸作为草图直接建模，这将极大地节省工作量。

　　本实例针对此种情况主要使用"编辑"功能区中的工具完成建模和组装。

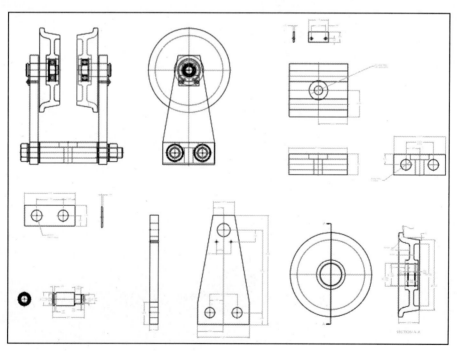

2D 图纸

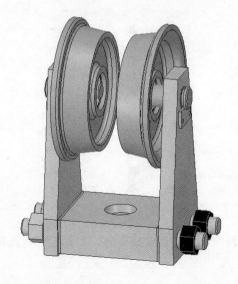

3D 模型

1. 拉动创建垫片

（1）按住鼠标左键将文件实例 1 Trolley_Structure-explode.dwg 拖入 SpaceClaim 的"设计"窗口中，检查图纸。

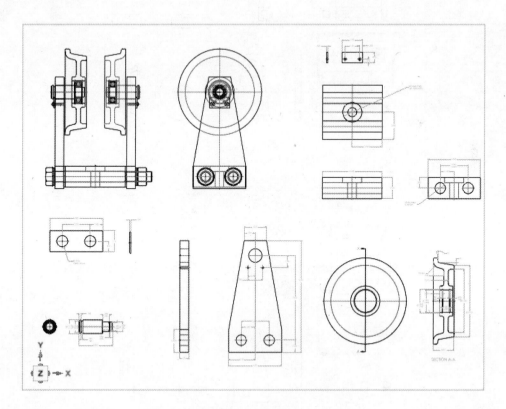

（2）使用"图层"面板查看图纸布局，隐藏绿色标注线和蓝色中心线所在的图层。

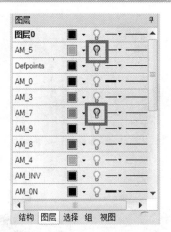

（3）填充垫片轮廓线为面，用于拉动成实体。鼠标左键点选需要被填充的轮廓线，激活填充工具。

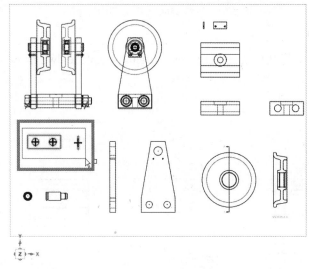

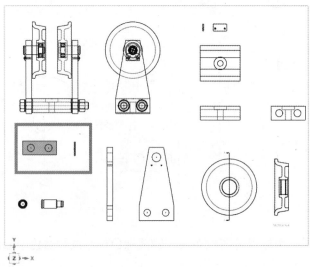

（4）转动垫片侧视图，作为下一步拉动距离的参照。激活"设计"选项卡"编辑"功能区中的 <kbd>移动工具</kbd>，选中上一步填充的侧视图，鼠标左键单击移动手柄上绿色的 Y 轴转动箭头，键入-90，按 Enter 键。

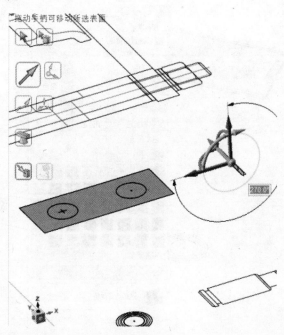

（5）拉动正视图，创建垫片。激活"设计"选项卡"编辑"功能区中的 <kbd>拉动工具</kbd>，单击垫片所在的面，激活 <kbd>双向拉动选项</kbd>，激活 <kbd>直到工具</kbd>，选中上一步操作侧视图的几何长边，创建垫片实体。

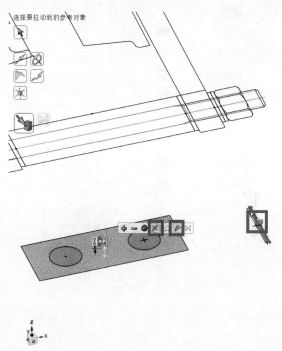

（6）改变颜色。按 Esc 键退回到 选择工具，鼠标左键三连击几何体，在弹出的微型工具栏中设置颜色。

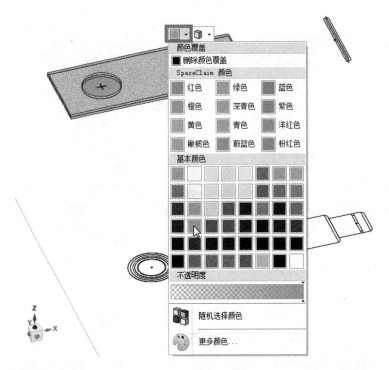

2．旋转生成销轴
（1）显示蓝色的"中心线"图层。

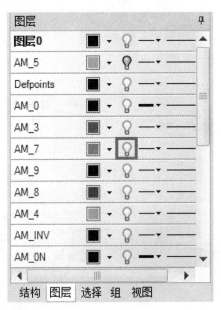

（2）鼠标左键框选销轴剖视图，激活"设计"选项卡"编辑"功能区中的 填充工具。

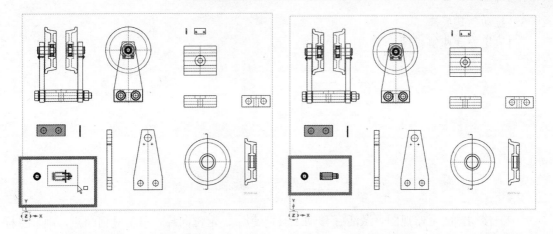

（3）激活"设计"选项卡"编辑"功能区中的 ✏ 拉动工具，鼠标左键框选中心线一侧的所有面，激活 🐕 旋转向导，选择中心线使其成为拉动时的旋转轴。

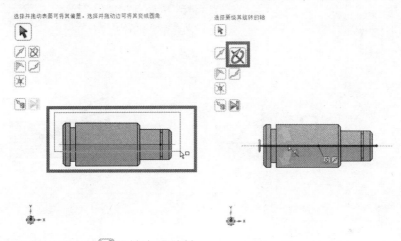

（4）单击向导工具中的 ▶ 旋转生成销轴。

（5）改变颜色。

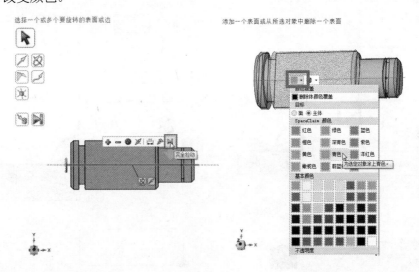

3. 拉动创建底座

（1）填充底座侧视图。

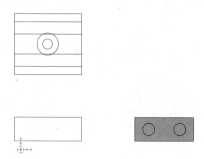

（2）移动侧面至俯视图。激活 ✎ 移动工具，使用 定位向导，单击几何角点，确定坐标的原点到左上角。

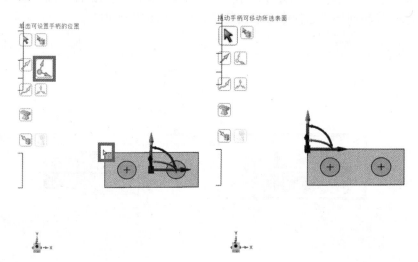

（3）移动侧面至俯视图。使用 直到向导，将侧面移动到俯视图的角点。

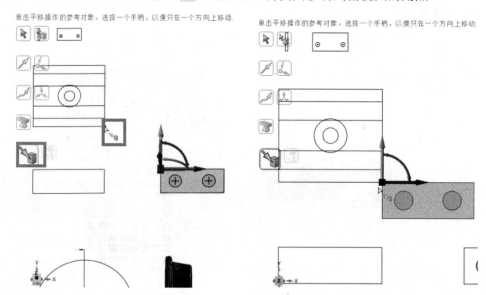

（4）旋转侧面便于拉动。激活转动方向箭头，键入 90，按 Enter 键。重复，使侧面正交于俯视图。

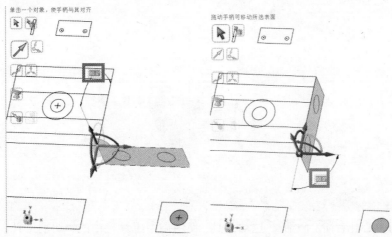

（5）拉动侧面，创建底座。激活 ✎ 拉动工具，使用 ▷ 直到向导，单击俯视图的对边，拉动侧面成实体。

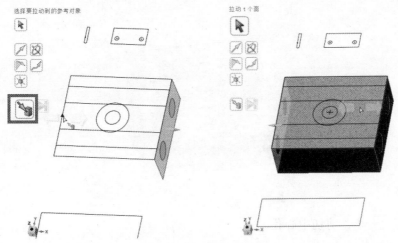

（6）改变颜色，便于查看底座标注线。

（7）填充中心孔。

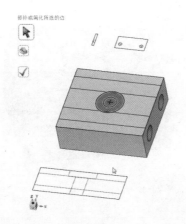

（8）移动另一侧视图至实体处，用于拉动中心孔的参照。

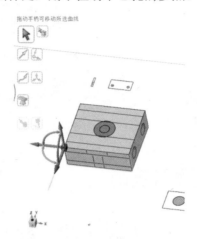

（9）剪切中心孔台阶。激活 拉动工具，使用微型工具栏中的 切割工具、 直到工具，单击上一步移动侧视图的中心孔，剪切实体。

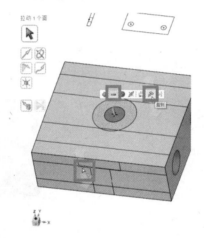

（10）重复上一步，剪切中心孔。

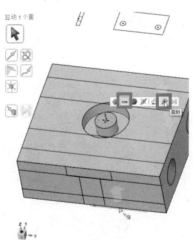

4. 创建其他零件

（1）创建支架（参照步骤1）

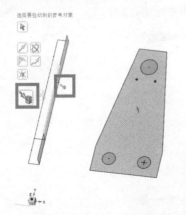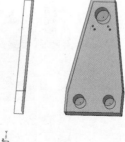

（2）创建轮对（参照步骤2）

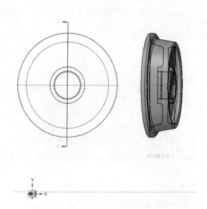

（3）创建长螺栓（参照步骤2）

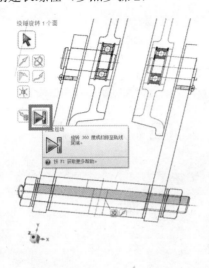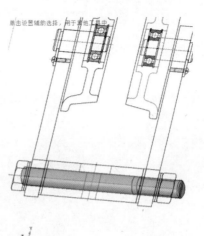

5. 移动组装

（1）移动底座至组装剖面图，对齐长螺栓。激活![icon]移动工具，鼠标左键三连击底座实体，使用![icon]定位向导确定移动坐标的原点至长螺栓孔的一侧圆心。

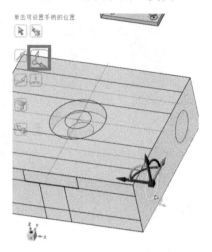

（2）使用![icon]直到向导，单击剖视图中底座的轮廓线使底座移动到俯视图的指定位置。

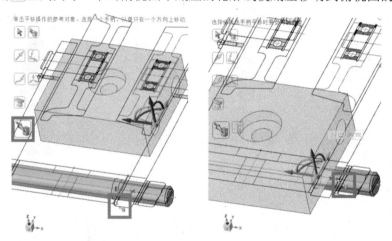

（3）旋转底座至剖视图视角。

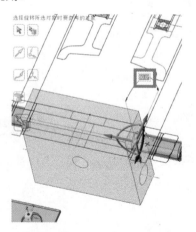

（4）组装其他零件。

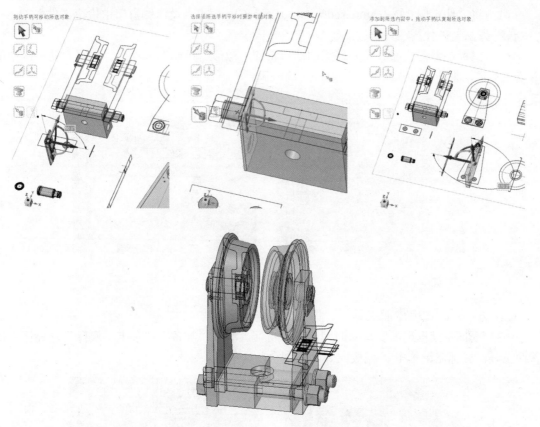

实例二　几何模型前处理

生产图纸不利于直接创建有限元模型，需要对其进行适当的简化处理，去掉不关注的小特征以避免单元质量不好或分布不均。

本实例针对几何模型的修复，主要包括填充凸台、批量处理螺栓孔、删除普通圆角、顺序删除相贯圆角等较常见特征。

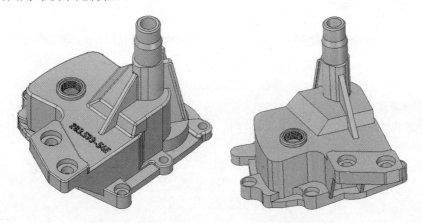

1. 填充凸台

（1）将文件实例 2 Defeature.scdoc 拖入 SpaceClaim 的"设计"窗口中检查零件。

📖 方法一：使用🔲填充工具。

（2）鼠标左键框选部分需要移除的凸台特征，激活"设计"选项卡"编辑"功能区中的🔲填充工具，将凸台移除。

 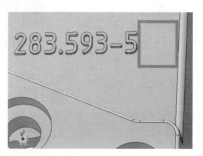

📖 方法二：使用🔲面工具。

（3）鼠标左键框选需要移除的剩余凸台特征，激活"准备"选项卡"删除"功能区中的🔲面工具，鼠标左键单击☑完成向导，将剩余凸台移除。

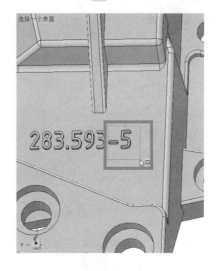 

2. 批量删除圆角

（1）选择半径相同的圆角。单击一处圆角，在"选择"面板中选择"所有个圆角等于 2mm"，在"状态"栏中能看到已选中 51 个面。

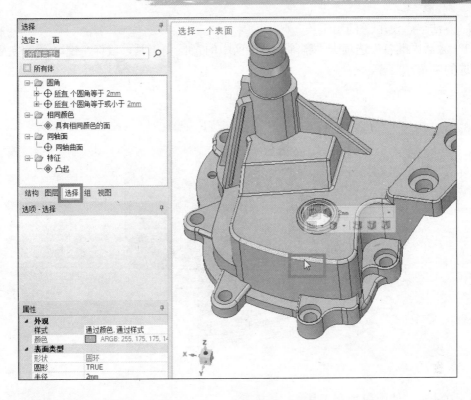

选择

选定：　面

☐ 所有体

选项 - 选择

属性

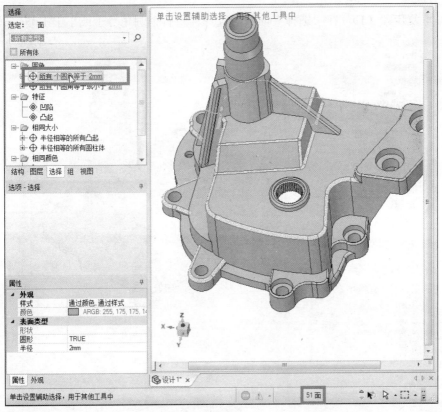

📖 方法一：使用📦圆角工具。

（2）激活"准备"选项卡"删除"功能区中的📦圆角工具，鼠标左键单击☑完成向导，删除所选的圆角。

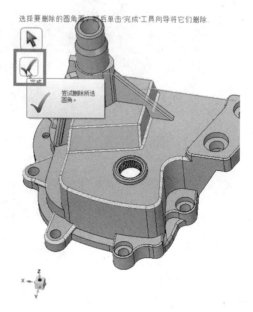

📖 方法二：使用📦填充工具。

（3）重复步骤（1），在"选择"面板中选择"所有个圆角等于或小于 1.05mm"。

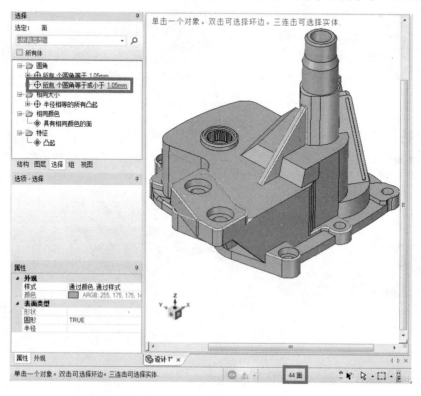

（4）激活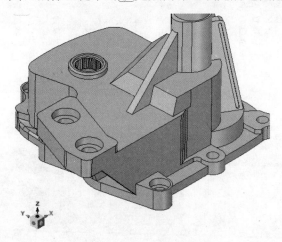填充工具，鼠标左键单击✔完成向导，填充所选圆角。

3. 批量删除圆孔

（1）选择半径相同的圆角。单击任意螺栓孔，在"选择"面板中选择"孔等于 4.1mm"，在"状态"栏中可以看到有 8 个面被选中。

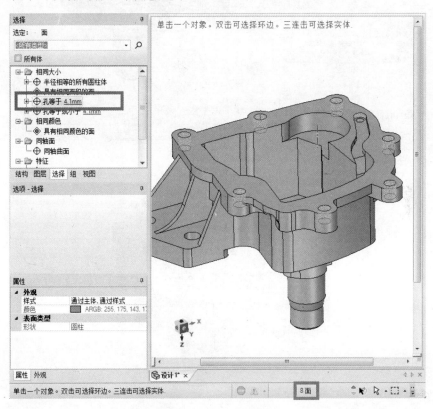

（2）移除被误选中的面。Ctrl+鼠标左键单击移除被误选中的面。

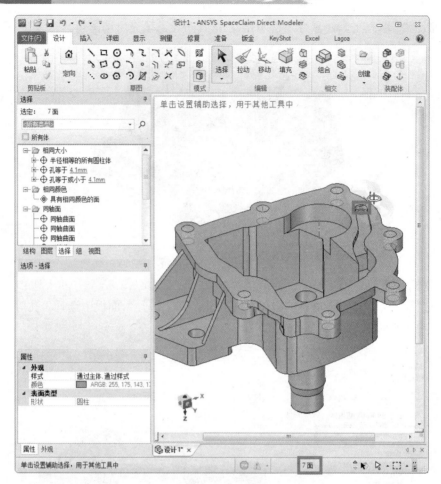

（3）激活填充工具。

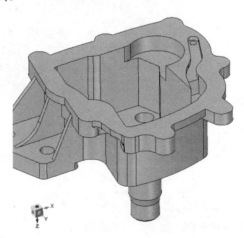

4. 删除相贯圆角

相贯圆角与删除的顺序有关。

📖 方法一：使用填充工具。

Ctrl+鼠标左键单击相贯圆角，激活填充工具。

单击一个对象。双击可选择环边。三连击可选择实体。

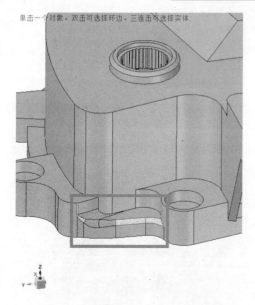
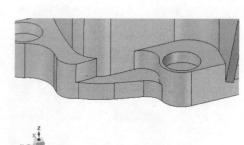

📖　方法二：使用 Delete 键删除圆角。

（1）↩撤销上一步的操作，将圆角恢复。

（2）鼠标左键单击高亮的圆角（参照下图），按 Delete 键删除圆角。

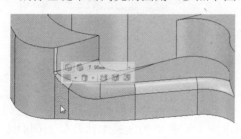
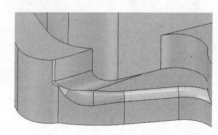

（3）鼠标左键单击高亮的圆角（参照下图），按 Delete 键删除圆角。

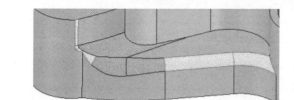
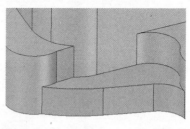

5．小结

对于复杂圆角，需要注意删除的顺序会对修复后的几何形貌有影响。

 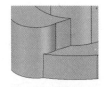

删除圆角有填充工具、圆角工具、面工具等多种方式，它们在特殊的几何形式中可能会得到不同的效果。

修复复杂几何时，可以通过分离工具将实体转成面体进行编辑，最后拼接成实体。

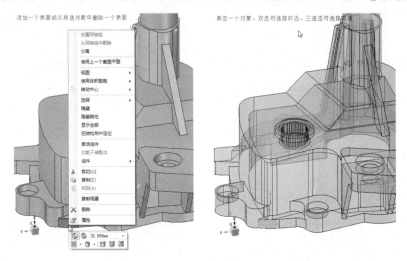

实例三 结构分析的抽梁壳

抽梁、抽壳在结构分析中极为常见，本例以压力容器中的球罐实体几何为例对支腿抽梁、球罐抽壳、保留托板实体，将实体、壳、梁三类几何导入 ANSYS Workbench 中。

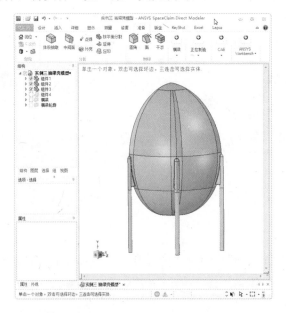

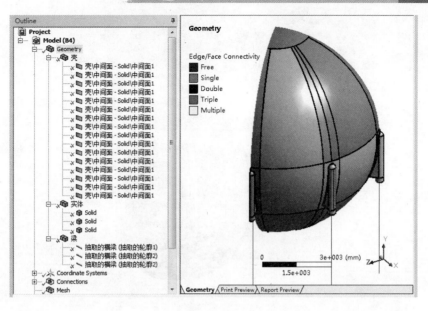

1. 抽梁

（1）将文件实例 3 球罐 Geom.agdb 拖入 SpaceClaim 的"设计"窗口中检查组件。

（2）激活"准备"选项卡中的抽取工具，鼠标左键框选支腿完成抽梁。此时，结构树中新增文件夹放置线体及梁截面，实体梁被自动隐藏。

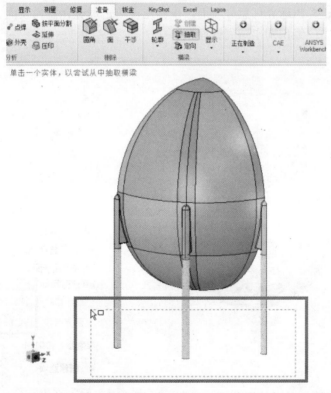

（3）显示梁截面。显示工具将梁的显示方式切换为轻量化实体。

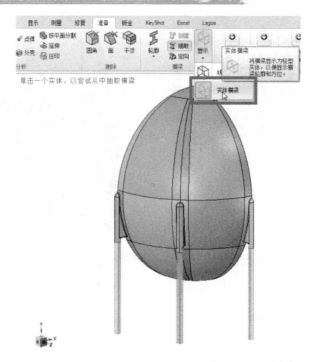

2. 抽壳

（1）识别球壳壁厚，便于下一步批量抽中面。隐藏支腿与球壳连接处的托板，激活 ▨ 中间面工具，鼠标左键单击球壳任意外表面，鼠标左键单击球壳任意内表面。此时，"选项"面板在"使用范围"中已经识别出球壳壁厚。

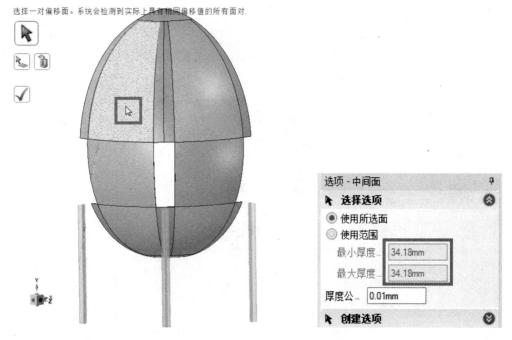

（2）批量抽中面。激活使用范围，鼠标左键框选球壳所有的实体。

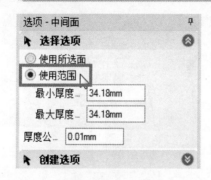

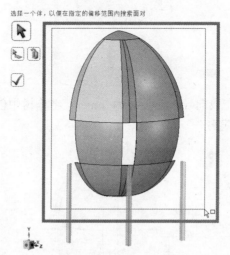

（3）激活 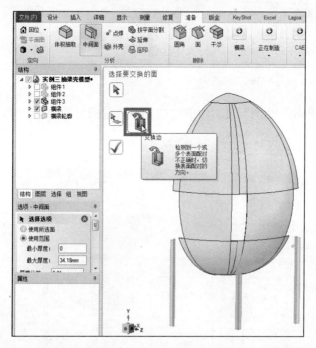 交换面工具，调整壳的法向。

（4）鼠标左键单击需要调整法向的壳，使外表面颜色统一为蓝色或绿色。

选择要交换的面

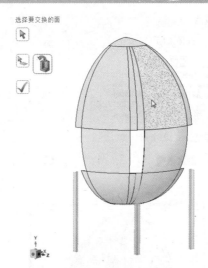

（5）鼠标左键单击✔完成向导，快捷键为 Enter，结构树中创建多个组件用于放置抽取的中间面，原实体球壳自动隐藏。

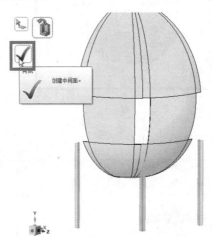

（6）鼠标左键单击"设计"窗口中的空白处，查看抽出的中面。

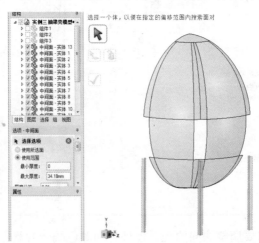

3. 共享拓扑

（1）在结构树中选中所有的壳，鼠标右键单击并选择"移到新部件"选项。

（2）鼠标右键菜单将新组件重命名为壳，在"属性"面板的"共享拓扑结构"栏中选择"共享"。

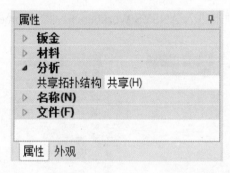

📖 在"共享拓扑结构"栏中选择"共享"后，相邻的壳可以共节点连接单元。

（3）鼠标右键选择结构树中的所有梁，在弹出菜单中选择"移到新部件"选项。

（4）鼠标右键选择弹出菜单中的"重命名"，键入梁，在"属性"面板的"共享拓扑结构"栏中选择 Group。

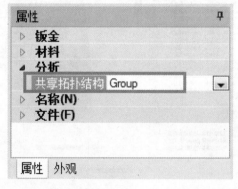

📖 ANSYS 16.2 版本之前的 SpaceClaim 没有 Group 选项，可以选择"无"。

（5）将实体托板移到新部件，在"共享拓扑结构"栏中选择 Group。

（6）设置 SpaceClaim 选项的 Workbench Options。

（7）通过"准备"选项卡进入 ANSYS Workbench，将 Geometry 连接至 Static Structural。

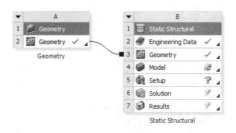

（8）鼠标左键双击 Model 打开 Mechanical 界面，检查几何模型。

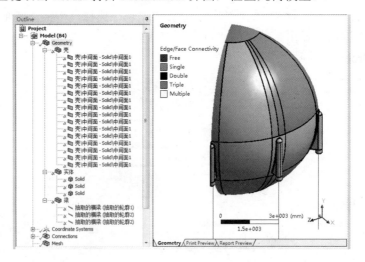

4. 小结

越来越多的工程项目希望将不同自由度的单元连接在一起，但要注意以下几个方面的设置：

（1）共享拓扑设置：不同几何类型的分组或共节点。

（2）混合导入项设置：确保希望的几何类型能够导入。

（3）单元剖分方法：使用分步剖分单元方法控制连接处的单元尺寸和质量。

（4）接触设置：MPC 接触算法的设置；Constraint Type 选择正确的自由度约束； Pinball Region 设置合理的接触区域保证接触刚度真实。

实例四　流体分析的抽场

快速创建内外流场并自动更新是流体分析中的常见需求。本实例以 LED 灯为基础创建流体热分析的内外流场，同时考虑到有设计变更时流体场的自动更新。

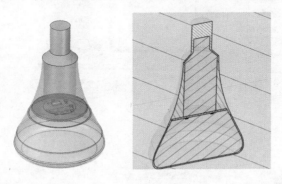

1. 创建内流场

（1）将文件实例 4 灯泡流场.scdoc 拖入 SpaceClaim 的"设计"窗口中，检查 LED 灯的各零件。

（2）激活"准备"选项卡"分析"功能区 体积抽取工具中的 选择矢量表面向导。

（3）选中 LED 灯的任意内表面。光标置于零件灯体处，使用 Ctrl+鼠标滚轮滚动高亮几何内表面，鼠标左键单击高亮面。

（4）鼠标左键单击 ☑ 完成向导。

（5）隐藏 LED 灯的零件，检查创建出的内流场。

2. 创建外流场

（1）显示所有零件。外流场的创建只针对显示的零件，不包括隐藏的零件。

（2）预览外流场。激活"准备"选项卡"分析"功能区中的 外壳工具，全选所有零件即可预览外流场。

（3）定义外流场。在"选项"面板的"外壳类型选项"中选择"圆柱"，"默认衬垫"改为 80%，取消"对称尺寸"。

（4）设置外流场方向。使用 设置方位向导，选择基板中连接口的边，将外圆柱形流场的轴向调整到与该边一致。

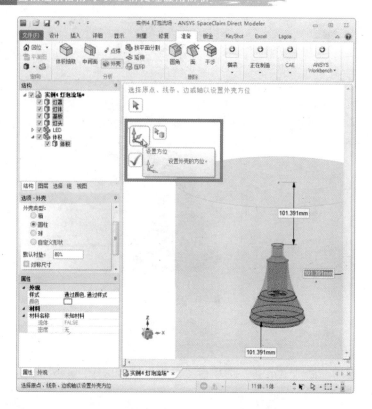

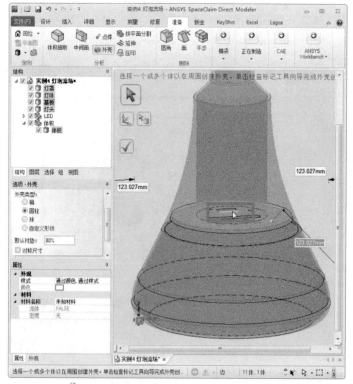

（5）设置外流场尺寸。按 Tab 键切换距离并键入外流场尺寸。

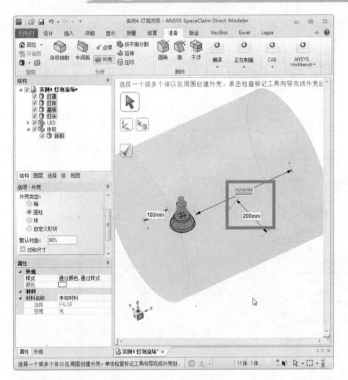

（6）完成。鼠标左键单击 ✔ 完成向导。

3．更新外流场

（1）使用 ⿻ 剖面模式变更灯头尺寸。鼠标左键单击圆柱外流场的轴线，激活"设计"菜单中的 ⿻ 剖面模式。

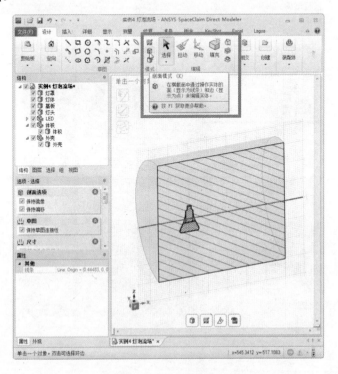

（2）使用 ✈️ 移动工具移动灯头顶面 10mm。

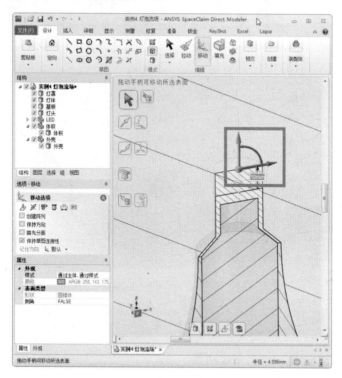

（3）更新外流场。回到 📦 三维模式，在结构树中鼠标右键单击零件外壳并在弹出菜单中选择"更新外壳"选项。

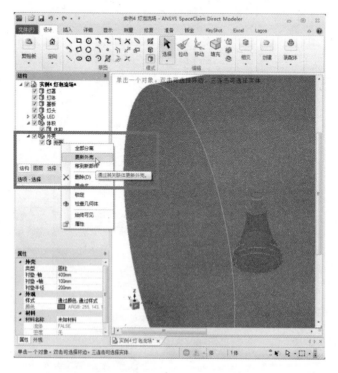

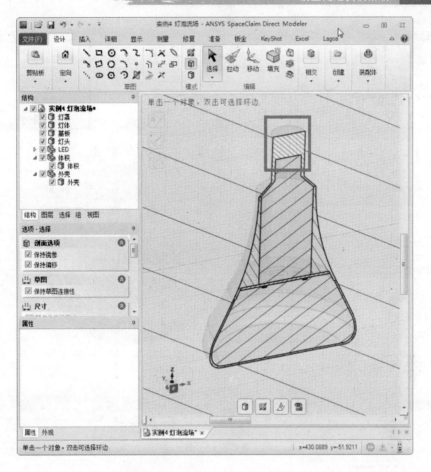

实例五　三角面片文件重建

　　在生物、军工等行业中，很多分析对象是基于扫描的方式获得点云数据，基于 SpaceClaim 的直接建模工具逆向设计重建几何文件，再进行 CAE 分析。

1. 抽取草图

（1）将文件实例 5　飞盘　frisbee2.stl 拖入 SpaceClaim 的"设计"窗口中，检查三角面片。

（2）显示全局坐标系。勾选"显示"选项卡"显示"功能区中的"世界原点"。

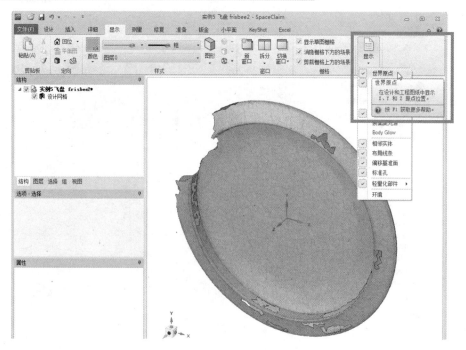

（3）选取 X 轴为草图模式。

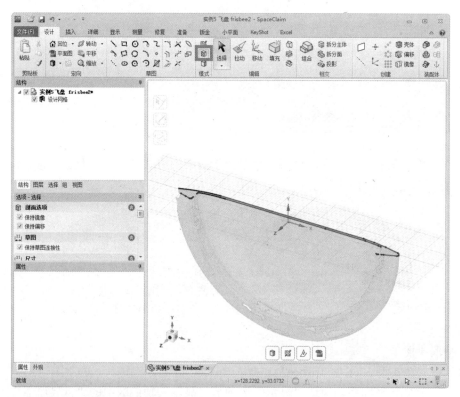

（4）转动栅格至完整的轮廓线。激活微型工具栏中的🖉移动栅格，鼠标左键拖曳移动手柄的绿色箭头至飞盘截面轮廓完整的截面栅格。

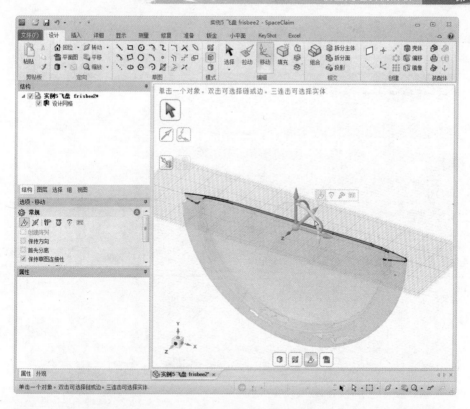

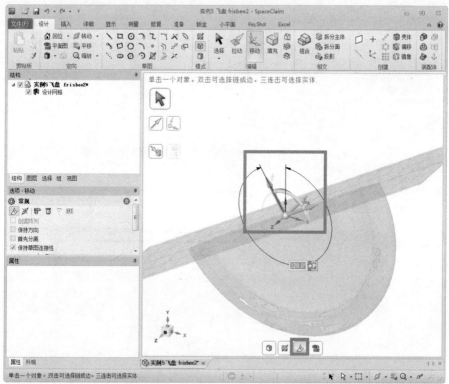

（5）激活 选择工具，鼠标左键框选出较完整的轮廓线。

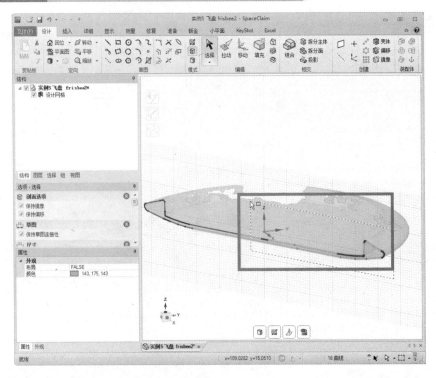

（6）复制、粘贴轮廓线，隐藏飞盘模型。

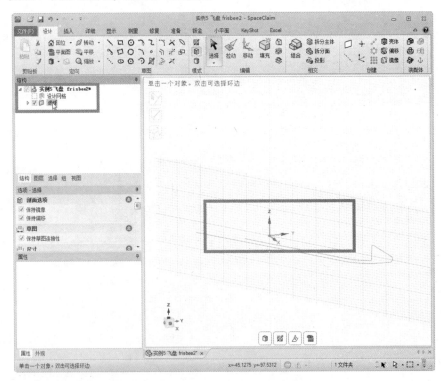

（7）草绘将轮廓封闭，以便旋转拉伸。沿全局坐标系的 Z 轴使用 直线工具绘出直线，足够长以使轮廓线封闭。

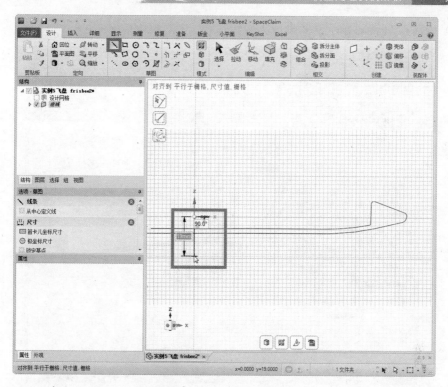

（8）激活 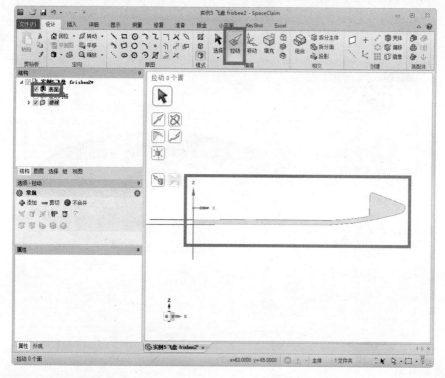 拉动工具，封闭的轮廓线自动生成截面。

2. 旋转拉伸截面重建实体

（1）面旋转拉伸成体。确认 拉动工具的 选择向导被激活，选中截面。

（2）激活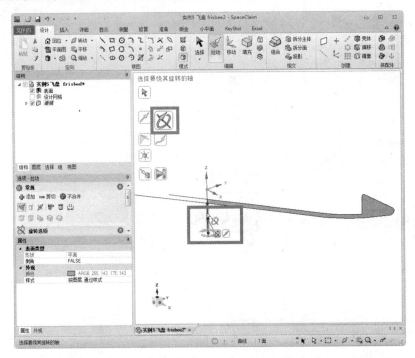旋转向导，使 Z 轴成为旋转轴。

（3）激活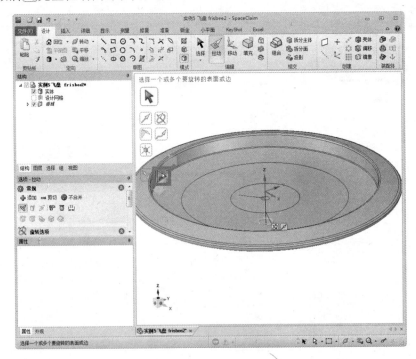完全拉动向导以完成转动。

3. 偏差分析

（1）在结构树中勾选飞盘源文件，使其在"设计"窗口中显示。

（2）激活"测量"选项卡"质量"功能区中的 ⬛ 偏差工具，在"设计"窗口中鼠标左键依次单击飞盘 STL 源数据，重建实体几何。其内外部的最大距离在"选项"面板中列出，距离分布以云图的形式在"设计"窗口中显示。

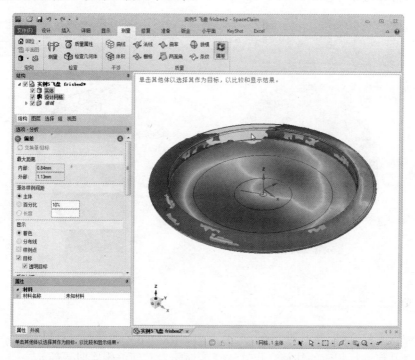

（3）将"选项"面板中的"公差值"改为 0.15mm，查看云图分布，公差值以内的区域默认以绿色显示。

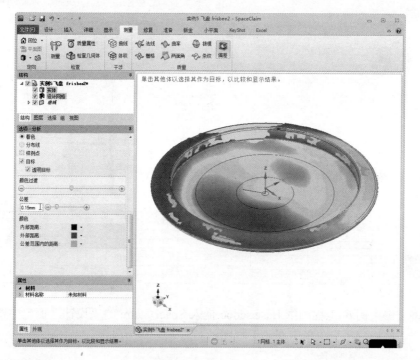

4. 小结

同样的方法，SpaceClaim 结合小平面工具能够将更复杂的三角面片文件或拓扑优化的网格文件重建出精确几何。

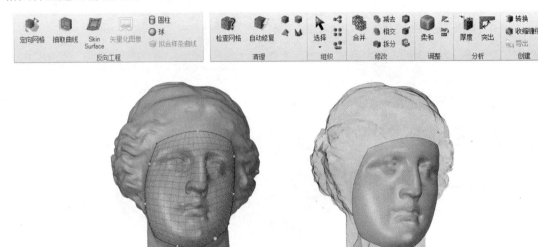

实例六　工程图纸——尺寸注释

尺寸注释在 CAE 前处理中利于复核几何尺寸及分析报告的撰写。可以通过"详细"选项卡中的工具对几何进行相应的注释，尺寸注释能够随着几何编辑实时更新。

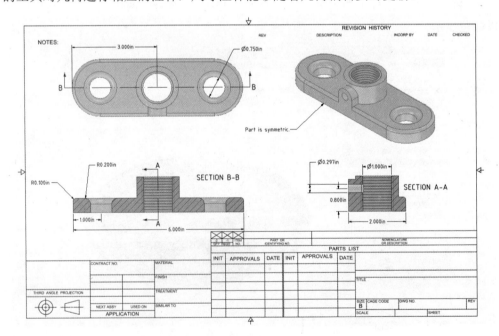

（1）将文件实例 6 工程图纸 Base.scdoc 拖入 SpaceClaim 的"设计"窗口中检查零件。

（2）在"应用程序"菜单中新建工程图纸。

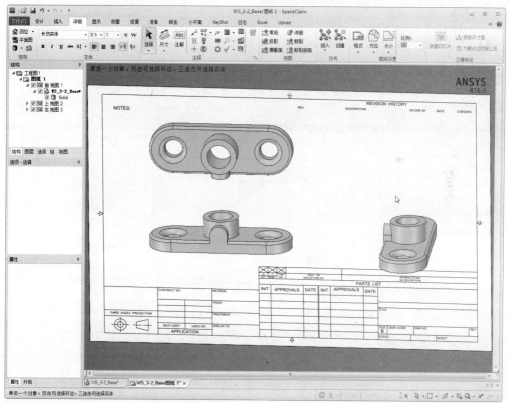

（3）激活"详细"选项卡"视图"功能区中的常规工具。

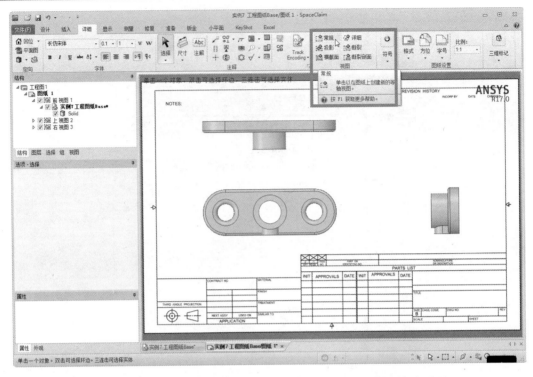

（4）移动光标将零件的等轴视图放置于合适的位置并鼠标左键单击确认。

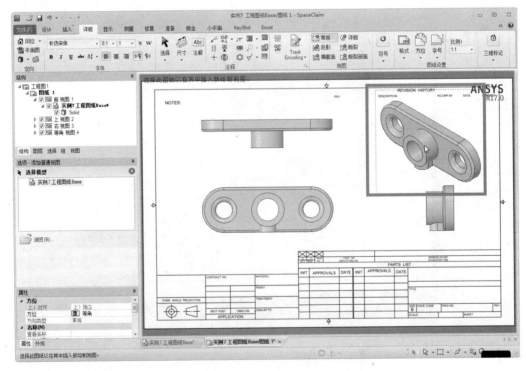

（5）激活"详细"选项卡"视图"功能区中的 横截面工具，鼠标左键单击侧视图。

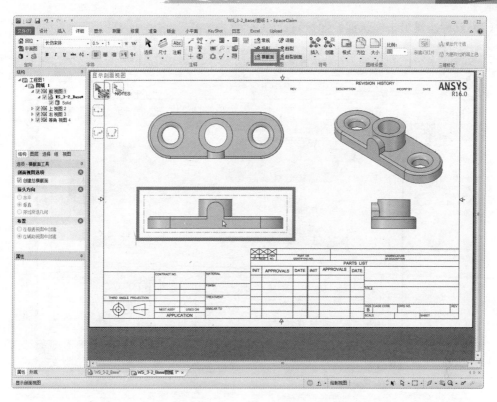

（6）移动光标到俯视图，同时预览上一步中侧视图的横截面位置。

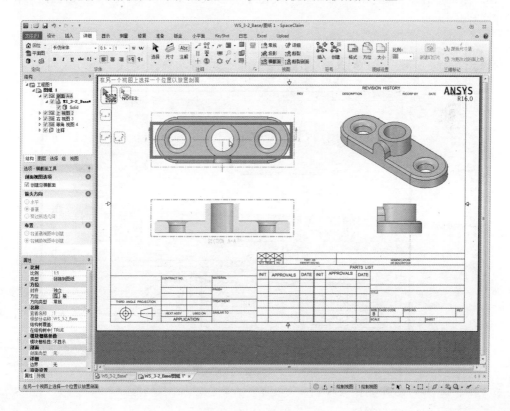

（7）鼠标左键单击确认横截面位置。

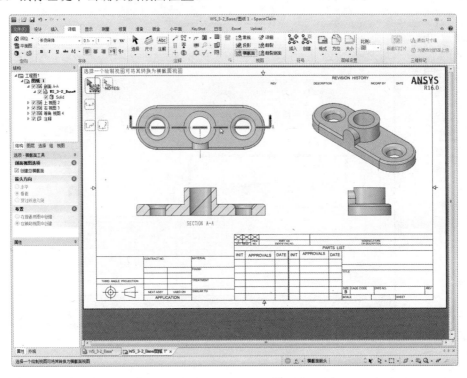

（8）激活"详细"选项卡"注释"功能区中的 尺寸工具，鼠标左键单击圆角等特征进行尺寸注释。

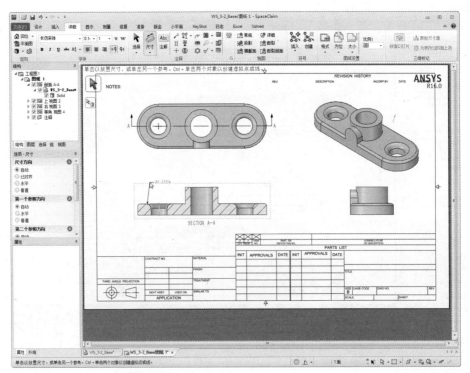

实例七　曲面造型——花瓶

　　使用直接建模方法能够快速编辑曲面或将规则面调整为曲面，可用于生物力学中软组织的创建或流体力学中场的编辑。曲面编辑可以定义参数化。

　　（1）使用"设计"选项卡中的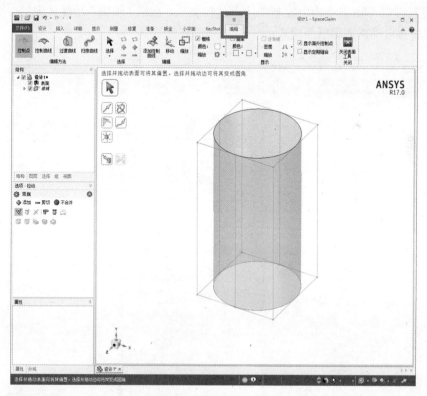圆工具和拉动工具创建圆柱面。

　　（2）鼠标左键选中圆柱面，激活"设计"选项卡"编辑"功能区中的调整面工具，进入"面编辑"选项卡。

　　（3）激活"编辑"功能区中的添加控制曲线工具，使用鼠标左键在圆柱面的任意高度处添加新的控制曲线。

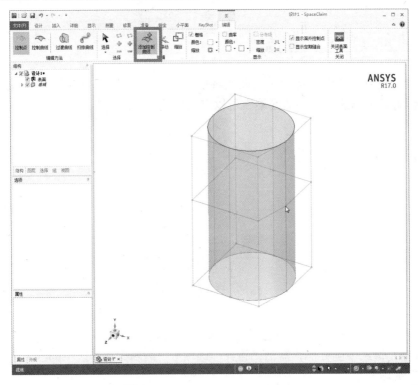

（4）鼠标左键单击上一步中控制曲线上的控制点，激活"编辑"功能区中的 缩放工具，"设计"窗口将自动进入 剖面模式。

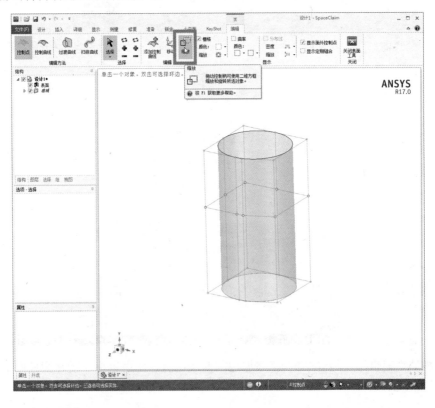

（5）用鼠标左键拖曳剖面模式的虚线边界。

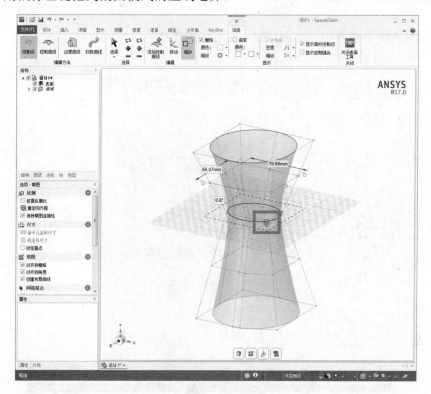

（6）（可选）直接键入数值，按 Tab 键切换参数窗口。

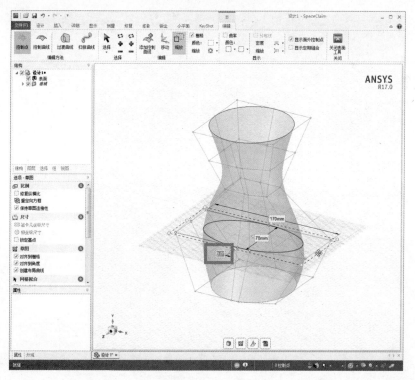

（7）鼠标左键单击 ☒ 关闭表面工具，激活"设计"选项卡"编辑"功能区中的 ✎ 拉动工具。

（8）鼠标左键单击并拖动曲面创建一定厚度的花瓶。

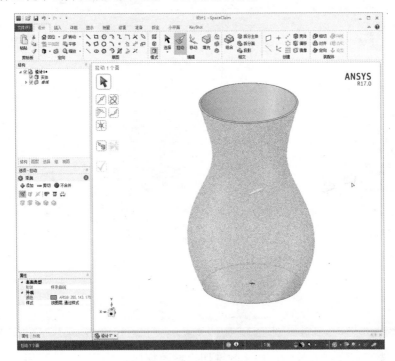